理想·宅 编

装修预算
随身查

化学工业出版社
·北京·

内容简介

本书以图文结合的形式，对装修预算的相关知识由浅入深地分章节进行介绍，包括资金的分配、编制预算并了解市场上不同工种的工价以及材料的相关价格等。不论是刚入行的设计师，还是已有一定经验基础的室内设计师，都可以通过本书迅速掌握装修预算的知识。

随书附赠各类户型图设计方案及预算表，请访问 https://www.cip.com.cn/Service/Download 下载。在如图所示位置，输入"38716"点击"搜索资源"即可进入下载页面。

资源下载

38716　　　　　　　　　　　　　　　　　　　　　　搜索资源

图书在版编目（CIP）数据

装修预算随身查/理想·宅编.—北京：化学工业出版社，2021.5（2024.6重印）

ISBN 978-7-122-38716-5

Ⅰ.①装⋯　Ⅱ.①理⋯　Ⅲ.①住宅-室内装修-建筑预算定额　Ⅳ.①TU723.3

中国版本图书馆CIP数据核字（2021）第045912号

责任编辑：王　斌　毕小山　　　　　装帧设计：刘丽华
责任校对：赵懿桐

出版发行：化学工业出版社（北京市东城区青年湖南街13号　邮政编码100011）
印　　装：大厂聚鑫印刷有限责任公司
710mm×1000mm　1/32　印张9　字数200千字　2024年6月北京第1版第8次印刷

购书咨询：010-64518888　　　　　　售后服务：010-64518899
网　　址：http://www.cip.com.cn
凡购买本书，如有缺损质量问题，本社销售中心负责调换。

定　　价：45.00元

前言

　　预算是室内设计中需要设计师特别注意的环节，预算影响了风格、档次及室内材料的选择。设计师可以通过了解业主的预算要求，准确定位业主需求，继而完成设计。计算工程量，制定装修预算，掌握行业中工价、材料价格的一般区间，给业主解答相关疑问，是设计师必备的专业技能之一。

　　本书作为一本实用性强的预算实用手册，顺应市场需求，建立了一套完整的预算知识系统。内容涵盖全面，将预算资金规划、装修预算的制定以及项目计价规则等预算相关知识进行讲解，总结出一般性原则，方便读者快速查阅，并针对装修辅材、主材两大材料的市场价格及用途等方面进行整理，最后以不同户型的装修预算表帮助读者将整本书的知识融会贯通，学会如何制定装修预算。

　　需要特别说明的是，本书所列工价和材料价格均为一时一地之价格，可供参考使用，但不是唯一标准，请读者明悉。由于作者水平有限，不足之处在所难免，欢迎读者批评指正。

编者

目　录

第三章　装修施工项目的计价

第四章　装修辅材的市场价格

第五章　装修主材的市场价格

第六章　常见户型的装修价格

第一章
装修前的资金规划

装修前设计师在与业主沟通时，应对业主的装修预算进行一定的了解，并帮助业主对资金进行大致的规划，主要从硬装和软装两个主要支出点出发，合理平衡两者的支出。比如在预算有限的情况下，可以减少硬装上面的变动，将节省下来的资金多用于软装方面。

 1.1 装修预算的组成内容

1.1.1 装修预算的组成

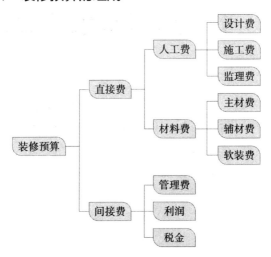

注意事项

主材费是指在装饰装修施工中按施工面积或单项工程涉及的成品和半成品的材料费，如卫生洁具、厨房内厨具、水槽、热水器、燃气灶、地板、木门、油漆涂料、灯具、墙地砖等。

辅材费即辅助材料费，是指装饰装修施工中所消耗的难以明确计算的材料，如钉子、螺钉、胶水、滑石粉（老粉）、水泥、黄沙、木料以及油漆刷子、砂纸、电线、小五金、门铃等。

1.1.2 装修预算的总价

装修预算总报价是指直接费和间接费相加的总和，具体公式如下所示：

预算总价 = 人工费 + 材料费 + 管理费 + 利润 + 税金

通过上述公式，再加上下面的简要计算方法，就可以轻松制作出一份完整的装修预算：

① 人工费与材料费之和，即直接费；

② 管理费 = ① × (5%~10%)；

③ 利润 = ① × (5%~8%)；

④ 合计 = ① + ② + ③ ；

⑤ 税金 = ④ × (3.4%~3.8%)；

⑥ 总价 = ④ + ⑤ 。

上述公式可用于任何住宅装饰装修工程预算报价。

♀注意事项

其他费用如设计费、垃圾清运费、增补工程费等按实际发生计算。上述公式可用于任何家庭居室装修工程预算报价。

 1.2 装修预算常用术语

1.2.1 住宅使用面积

住宅使用面积是指住宅中以户（套）为单位的分户（套）门内全部可供使用的空间面积。住宅使用面积按住宅的内墙面水平投影线计算。

1.2.2 住宅建筑面积

住宅建筑面积是指住宅外墙（柱）勒脚以上各层的外围水平投影面积，包括阳台、挑廊、地下室、室外楼梯等，且具有上盖、结构牢固、层高 2.20m 以上（含 2.20m）的永久性建筑。

1.2.3 住宅产权面积

住宅产权面积是指产权所有人依法拥有住宅所有权的住宅建筑面积。住宅产权面积由省（直辖市）、市、县房地产行政主管部门登记确权认定。

1.2.4 住宅预测面积

住宅预测面积是指在商品房期房（有预售销售证的合法销售项目）销售中，根据国家规定，由房地产主管机构认定具有测绘资质的住宅测量机构，主要依据施工图纸、实地考察和国家测量规范对尚未施工的住宅预先测量计算出的面积。它是开发商进行合法销售的面积依据。

1.2.5 住宅实测面积

住宅实测面积是指商品房竣工验收后，工程规划相关主管部门审核合格，开发商依据国家规定委托具有测绘资质的住宅测绘机构参考图纸、预测数据及国家测绘规范的规定对楼宇进行的实地勘测、绘图、计算而得出的面积，是开发商和业主的法律依据，也是业主办理产权证、结算物业费及相关费用的最终依据。

1.2.6 装修合同违约责任

装修过程中的违约责任一般分为甲方违约责任和乙方违约责任两种。甲方违约责任比较常见的是拖延付款时间，乙方违约责任比较常见的是拖延工期。

1.2.7 "工程过半"

从字面上来理解，"工程过半"就是指装修工程进行了一半。但是，在实际过程中往往很难将工程阶段划分得非常准确，因此，一般会用两种办法来定义"工程过半"：

① 工期进行了一半，在没有增加项目的情况下，可认为工程过半；

② 将工程中的木工活贴完饰面但还没有油漆（俗称木工收口）作为工程过半的标志。

 1.3 装修风格的选择

1.3.1 根据总预算反推不同预算项目的估价

通常业主在进行新房装修前对装修费用有着大致规划，需要设计师在设计时稍微考虑一下预算方面的问题。设计师可以根据甲方的预算总价和一定的公式，粗略估计装修等方面的费用。

预算总价 = 基础装修（设计费 + 硬装工程费）+ 家具软饰 + 电器

通常情况下，三个预算项目的比例大概为：

基础装修：家具软饰：电器 =5：3：2

注意事项

不需要死守这个预算比例，可根据业主的需求进行灵活调整。该预算比例只是帮助设计师估算预算的范围，防止由于设计方案预算过高、业主对方案不满意而导致的无效率更改。

1.3.2 不同装修风格的造价范围

装修风格间接决定了装修造价（基础装修 + 家具软饰）的费用，不同的风格其造价范围也各不相同。在与业主进行沟通时，充分了解其预算和风格的喜好，能够帮助设计师设计出让业主更加满意的方案。

　　有时业主喜欢古典欧式风格，但是预算不够时，设计师可以推荐北欧风格给业主。相较古典欧式风格来说，北欧风格造价较低，同时也带有欧式风情。如此一来，既满足业主的喜好，又能够控制预算。

风格种类		装修预算内容及造价范围（100~200m²）
现代风格	简洁的设计线条减少预算支出	造型简单，硬装方面的预算会有一定的缩减。当预算有限时，可建议业主利用现代风格家具容易搭配的特点，多选购家具单品，避免选购价格高昂的组合式家具。装修造价一般保持在 15 万~20 万元
简约风格	轻装修、重装饰	整体简洁，墙面造型较少，建材常选择纹理图案少、简洁的，在硬装和建材的选购上预算较少，但在家具和装饰品的选择上会更加讲求质量。装修造价一般保持在 10 万~15 万元
北欧风格	满足欧式风但支出少	硬装造型简单，预算较少，家具更强调功能性，售价不算高，装饰品、织物等有可控性。装修造价一般保持在 15 万~20 万元
工业风格	水泥质感的整体风格	硬装造型较少，管线外露，施工较为简单，重视软装，适用家具较多，价格的选择范围较广，装饰品等相对较多。装修造价一般保持在 15 万~20 万元
混搭风格	设计手法多样	造型多样，设计材质也多种多样，硬装和建材的预算相对较高，家具多是单品混合使用，装饰品可选择有特色但对品质要求不高的，家具和装饰的预算相对较低。装修造价一般保持在 20 万~30 万元

续表

风格种类		装修预算内容及造价范围（100~200m²）
新中式风格	突出设计的时尚元素	设计和选材都具有创意，多用实木或木纹理的饰面，木作工程较多，新中式家具的价格较高，并且装饰品的单价较高。装修造价一般保持在 25 万~40 万元
中式风格	繁复的实木造型	造型上大多采用实木材质，造型和材质较多，一些搭配的实木家具的市场价格较高，装饰品多用精致且昂贵的，可少而精地进行选用。装修造价一般保持在 30 万~35 万元
欧式风格	彰显贵族气息	吊顶、墙面造型复杂，建材很多需要定制，家具造型精美，体形较大，装饰品设计精致。装修造价一般保持在 25 万~35 万元
美式风格	做旧设计	木作方面需求较多，家具多是实木结合皮革的设计，市场价格相对较高。装修造价一般保持在 20 万~30 万元
田园风格	碎花纹理设计	实木材质在硬装上使用较多，家具和装饰品的价格相对实惠。装修造价一般保持在 18 万~25 万元
地中海风格	蓝白调的墙漆运用	硬装方面部分采用弧度造型，家具以舒适为主，占地面积小，预算相对较少，装饰品、织物等投入相对较多。装修造价一般保持在 15 万~20 万元
东南亚风格	异域风情突出	整体色彩艳丽，取材自然，家具多以藤、木料为主，市场价格较高，装饰品体形较大，特点突出，相对预算较高。装修造价一般保持在 25 万~40 万元

1.4 装修资金的分配原则

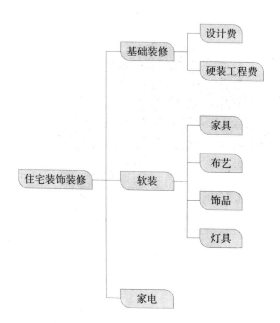

　　住宅装饰装修的资金以这三种类型进行分类，在得到业主的初步装修资金规划时，可根据业主的需求对三者之间的比重进行调整。这影响设计师在做设计时重点设计的应该是硬装部分还是软装部分。主要还是根据业主的需求而定。

1.5 基础装修资金的分配比例

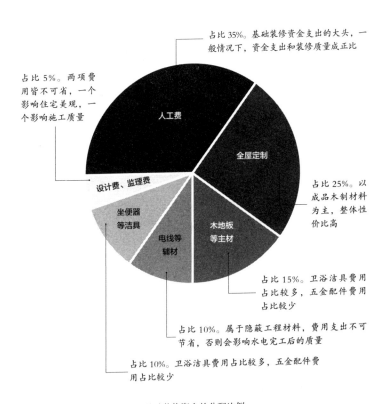

占比 35%。基础装修资金支出的大头，一般情况下，资金支出和装修质量成正比

占比 5%。两项费用皆不可省，一个影响住宅美观，一个影响施工质量

人工费

全屋定制

设计费、监理费

坐便器等洁具

电线等辅材

木地板等主材

占比 25%。以成品木制材料为主，整体性价比高

占比 15%。卫浴洁具费用占比较多，五金配件费用占比较少

占比 10%。属于隐蔽工程材料，费用支出不可节省，否则会影响水电完工后的质量

占比 10%。卫浴洁具费用占比较多，五金配件费用占比较少

基础装修资金的分配比例

1.6 软装资金的分配比例

在软装资金的支出中，家具占比较大，其次为吊灯等灯具，软装费用在选择时更多地要考虑到日常使用对软装部分的损耗，应重点考虑其质量。

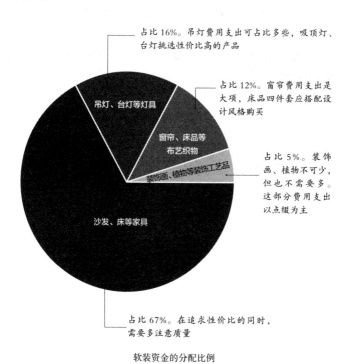

占比 16%。吊灯费用支出可占比多些，吸顶灯、台灯挑选性价比高的产品

占比 12%。窗帘费用支出是大项，床品四件套应搭配设计风格购买

占比 5%。装饰画、植物不可少，但也不需要多。这部分费用支出以点缀为主

吊灯、台灯等灯具

窗帘、床品等布艺织物

装饰画、植物等装饰工艺品

沙发、床等家具

占比 67%。在追求性价比的同时，需要多注意质量

软装资金的分配比例

 1.7 不同档次的资金分配

　　装修档次主要分为高档、中档以及中档偏下，装修的档次主要是决定了设计中一些不规则或者不常规的设计能否实现，部分高档材料能否使用，也非常考验设计师的设计能力，能否在有限的资金下让功能和效果最大化。

　　不同档次的装修对资金分配的重点也不同，资金的分配也决定了设计师在做设计时重点设计的部分，让设计内容更符合业主的需求。

中档偏下装修

装修造价：
$300 \sim 500$ 元 /m^2
人工费占比约 70%
材料费占比约 30%

中档装修

装修造价：
$500 \sim 1000$ 元 /m^2
人工费占比约 55%
材料费占比约 45%

高档装修

装修造价：
高于 1000 元 /m^2
人工费占比约 55%
材料费占比约 45%

1.8 装修施工队的收费标准

有些装修公司只负责设计，而施工则会选择与一些已成型的施工小队进行合作。施工队不同于装修公司，规模较小，它不含工程间接费中的管理费、税金等收费项目。一般情况下，施工队只负责人工和辅材部分。

设计公司在选择施工队时，可以简单了解一下施工队的收费标准，实际的收费还是要根据设计公司和施工队的协商而定。

收费标准可分为以下六个部分。

（1）基础工程

① 打墙打瓷片 25~28 元 /m^2（包含人工、垃圾清理）；

② 地面水泥砂浆找平 25~33 元 /m^2（包含人工、材料、水泥、河沙）；

③ 砌墙 95~135 元 /m^2（包含人工、轻质砖、水泥、河沙）。

（2）水电工程

① 进水管改造 35~42 元 /m（包含人工、PP-R 管、接头、弯头、机器焊接等）；

② 电路改造 35~42 元 /m（包含人工、线管、底盒、电线等）；

③ 电话电视宽带线 35~42 元 /m（包含人工、线管、底盒、电话线等）；

④ 防水防潮 30~55 元 /m^2（包含人工、防水涂料，涂刷三遍）。

（3）天花吊顶工程

① 石膏板吊顶（平）100~110 元 /m^2（包含人工、木龙骨、石膏板等）；

② 石膏板造型顶 120~145 元 /m² (包含人工、木龙骨、9 厘板、5
厘板等);

③ 局部造型顶 110~135 元 /m² (包含人工、木龙骨、石膏板、9
厘板等);

④ 铝扣板吊顶 110~135 元 /m² (包含人工、轻钢龙骨、铝扣板、
收边条等);

⑤ 石膏线粘贴 15~26 元 /m (包含人工、石膏线、石膏粉、胶水等)。

(4) 地面工程

① 墙地砖铺贴 45~65 元 /m² (包含人工、水泥、河沙等);

② 门槛石铺贴 20~45 元 / 条 (包含人工、水泥、河沙等);

③ 踢脚线铺贴 15~28 元 /m (包含人工、水泥、河沙等)。

(5) 墙面工程

① 墙体批刷 26~44 元 /m² (墙体进行 3 次刮沥、打磨、收平,刷
3 遍乳胶漆);

② 石材挂贴 50~60 元 /m² (包含人工、水泥、河沙、建筑胶等)。

(6) 门窗工程

① 木门 (自造) 550~1150 元 / 套 (包含人工、木芯板、面板、实
木门套线、油漆等);

② 包窗口 350~650 元 / 套 (包含人工、木芯板、面板、实木窗套
线、油漆等)。

第二章
装修预算的制定

在设计师的设计方案得到业主的认可后，业主通常会向设计师要求了解方案的大致预算。业主会根据设计师的预算做最后的抉择，是否需要设计公司的施工团队进行装修。这决定了业主选择哪个公司。设计师在做预算前必须要了解装修预算如何做，其编制的基本原则是什么，以及预算中常见的计算等问题。

 ## 2.1 装修预算的程序

量房

明确室内的准确尺寸

施工图纸

完成整套施工图纸,明确图纸中具体的尺寸、材料及工艺

装修项目清单

根据施工图纸将所需的装修项目罗列出来用来做装修预算表

计价

根据合作商或者施工合作方等寻求装修项目的报价,并进行价格协商(如公司本身有施工团队,只需工价及材料报价即可,以公司实际情况为准),计算成本和利润

制作装修预算表

根据项目报价进行整合、计算并制作装修预算表

2.2 编制预算的基本原则及方法

2.2.1 基本原则

编制预算就是以业主所提出的施工内容、制作要求和所选用的材料、部品件等作为依据，来计算相关费用。目前行业内设计公司制度不同，其中比较规范的做法是要求以设计内容为依据，按工程的部位，逐项分别列编材料（含辅料）、人工、部品件的名称、品牌、规格型号、等级、单价、数量（含损耗率）、金额等。人工费要明确工种、单价、工程量、金额等。这样既方便公司与业主双方的洽谈、核对费用，也可以加快个别项目调整的商谈确认速度。

2.2.2 编制方法

（1）概算定额编制法

概算定额编制法是根据各分部分项工程的工程量、概算定额基价、概算费用指标及单位装饰工程的施工条件和施工方法计算工程造价。

概算定额编制法的编制程序图示

（2）概算指标编制法

概算指标编制法的计算程序与概算定额编制法基本相同，但用概算指标编制装饰工程设计概算对设计图纸的要求不高，只需要反映出结构特征，能进行装饰面积的计算即可。概算指标编制概算的关键是要选择合理的概算指标。

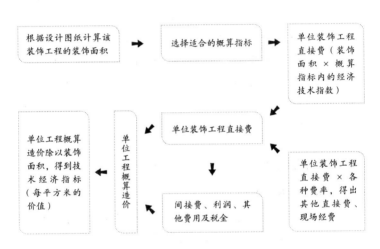

概算指标编制法的编制程序图示

（3）类似工程预算编制法

类似工程预算编制法是指已经编制好的用于某装饰工程的施工图预算。这种编制方法时间短，数据较为准确。

类似工程预算编制法的编制程序图示

（4）单位估价法

单位估价法是根据各分部分项工程的工程量、预算定额基价或地区单位估价表，计算工程造价的方法。

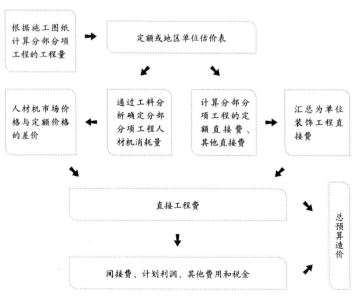

单位估价法的编制程序图示

 2.3 常见的承包方式及其预算项目

目前行业中各个装修公司的收费制度不一样，其收费方式和承包方式有一定的关系。先了解承包方式及不同承包方式所包括的预算项目内容，再根据预算项目进行需要的数据测量和计算。

现今装修公司主要有以下四种承包方式。

承包方式	承包项目	预算项目内容
清包 （即包清工）	业主自行购买辅材和主材，装修公司仅负责安排工人进行施工	① 不同工种的人工价格 ② 机械使用费
半包 （即包工包辅料）	业主自行购买主材，装修公司提供人工和辅材	① 不同工种的人工价格 ② 机械使用费 ③ 辅材费
全包 （包工包料）	业主将购买辅材和主材的工作委托给装修公司，装修公司还提供人工负责施工	① 不同工种的人工价格 ② 机械使用费 ③ 辅材费 ④ 主材费
全屋整装	装修公司提供从设计到施工一系列的服务，装修公司提供施工图纸，购买施工的主材、辅材以及软装配饰，并安排工人进行施工	按每平方米（建筑面积或使用面积）固定多少元的价格给业主报价，单项的预算表则只给公司内部人员，用来进行成本和利润的计算

注： 不论哪种承包方式都会包含利润和税金的费用。

2.4 装修预算中建筑面积的计算

2.4.1 计算建筑面积的范围

① 单层建筑物不论其高度如何，均按一层计算建筑面积，其建筑面积按建筑物外墙勒脚以上结构的外围水平面积计算。单层建筑物内设有部分楼层者，首层建筑面积已包括在单层建筑物内，首层以上应计算建筑面积。高低联跨的单层建筑物，需分别计算建筑面积时，应以结构外边线为界分别计算。

② 多层建筑物的建筑面积，按各层建筑面积之和计算。首层建筑面积按外墙勒脚以上结构的外围水平面积计算，首层以上按外墙结构的外围水平面积计算。

③ 同一建筑物的结构、层数不同时，应分别计算建筑面积。

④ 地下室、半地下室、地下车间、仓库、商店、车站、地下建筑物及相应的出入口的建筑面积，按其上口外墙（不包括采光井、防潮层及其保护墙）外围水平面积计算。

⑤ 建于坡地的建筑物利用吊脚空间设置架空层和深基础地下架空层设计加以利用时，其层高在 2.2m 以上时，按围护结构外围水平面积计算建筑面积。

⑥ 穿过建筑物的通道，建筑物内的门厅、大厅，不论其高度如何均

按一层建筑面积计算。门厅、大厅内设有回廊时，按其自然层的水平投影面积计算建筑面积。

⑦ 室内楼梯间、电梯井、提物井、垃圾道、管道井等均按建筑物的自然层计算建筑面积。

⑧ 书库、立体仓库有结构层的，按结构层计算建筑面积，没有结构层的，按承重书架层或两架层计算建筑面积。

⑨ 有围护结构的舞台灯光控制室，按其围护结构外围水平面积乘以层数计算建筑面积。

⑩ 建筑物内设备管道层、储藏室等层高在 2.2m 以上时，应计算建筑面积。

⑪ 有柱的雨篷、车棚、货棚、站台等，按柱外围水平面积计算建筑面积；独立柱的雨篷，及单排柱的车棚、货棚、站台等，按其顶盖水平投影面积的一半计算建筑面积。

⑫ 屋面上部有围护结构的楼梯间、水箱间、电梯机房等，按围护结构外围水平面积计算建筑面积。

⑬ 建筑物外有围护结构的门斗、眺望间、观望电梯间、阳台、橱窗、挑廊、走廊等，按其围护结构外围水平面积计算建筑面积。

⑭ 建筑物外有支柱和顶盖的走廊、檐廊，按外围水平面积计算建筑面积；有盖天柱的走廊、檐廊挑出墙外宽度在 1m 以上时，按其顶盖投影面积的一半计算建筑面积。无围护结构的凹阳台、挑阳台，按其水平面积的一半计算建筑面积。建筑物间有顶盖的架空走廊，按其顶盖水平

投影面积计算建筑面积。

⑮ 室外楼梯，按自然层投影面积之和计算建筑面积。

⑯ 建筑物内变形缝、沉降缝等，凡缝宽在 300mm 以内者，均依其缝宽按自然层计算建筑面积，并入建筑物建筑面积之内计算。

2.4.2　不计算建筑面积的范围

① 突出外墙的构件、配件、附墙柱、垛、勒脚、台阶、悬挑雨篷、墙面抹灰、镶贴块材、装饰面等。

② 用于检修、消防等用途的室外爬梯。

③ 层高 2.2m 以内的设备管道层、储藏室、设计不利用的深基础架空层及吊脚架空层。

④ 建筑物内操作平台、上料平台、安装箱或罐体平台；没有围护结构的屋顶水箱、花架、凉棚等。

⑤ 立烟囱、烟道、地沟、油（水）罐、气柜、水塔、储油（水）池、储仓、栈桥、地下人防通道等构筑物。

⑥ 单层建筑物内分隔单层房间，舞台及后台悬挂的幕布、布景天桥、挑台。

⑦ 建筑物内宽度在 300mm 以上的变形缝、沉降缝。

 2.5　装修预算中工程量的计算要求

2.5.1　工程量计算的顺序

① 计算工程量时，应按照施工图纸顺序分部、分项计算，并尽可能利用计算表格。

② 在列式计算给予尺寸时，其次序应保持统一，一般按照长、宽、高的次序列项。

2.5.2　工程量计算的方法

① 顺时针计算法：从施工图纸的左上角开始，向右逐项进行，循环一周后回到起始点为止。一般适合用来计算楼地面、天棚等项目。

② 横竖分割计算法：即按照先横后竖、先上后下、先左后右的顺序来计算工程量。

③ 轴线计算法：即按照图纸上轴线的编号进行工程量计算的方法。当遇到造型比较复杂的工程时，适合采用此种计算方法来计算工程量。

2.6 楼地面不同工程的工程量计算

工程名称	工程内容	工程量计算规则	计量单位
抹灰工程	包括水泥砂浆楼地面、现浇水磨石楼地面、细石混凝土楼地面、菱苦土楼地面、自流平楼地面、平面砂浆找平层,其中平面砂浆找平层只适用于仅做找平层的平面抹灰	按设计图示尺寸以面积计算。扣除凸出地面的构筑物、设备基础、室内管道、地沟等所占面积,不扣除间壁墙及≤0.3m² 附墙烟囱及孔洞所占面积。门洞、空圈、暖气包槽、壁龛的开口部分不增加面积,柱、垛按设计图示尺寸以面积计算	m²
块料面层	包括石材楼地面、碎石材楼地面、块料楼地面		
橡塑面层	包括塑料卷材楼地面、橡胶板卷材楼地面、塑料板楼地面、橡胶板楼地面	按设计图示尺寸以面积计算。将门洞、空圈、暖气包槽、壁龛的开口部分并入相应的工程量内	
其他材料面层	包括地毯楼地面、竹木地板、金属复合地板、防静电活动地板		

工程名称	工程内容	工程量计算规则	计量单位
踢脚线	一般包括水泥砂浆踢脚线、石材踢脚线、块料踢脚线、塑料板踢脚线、木质踢脚线、金属踢脚线、防静电踢脚线	①按设计图示长度乘以高度,以面积计算 ②按延长米计算	① m² ② m
楼梯面层	包括石材楼梯面层、块料楼梯面层、拼碎块料面层、水泥砂浆楼梯面层、现浇水磨石楼梯面层、地毯楼梯面层、木板楼梯面层、橡胶板楼梯面层和塑料板楼梯面层	按设计图示尺寸以楼梯(包括踏步、休息平台及 ≤ 500mm 的楼梯井)水平投影面积计算。楼梯与楼地面相连时,算至梯口梁内侧边沿;无梯口梁者,算至最上一层踏步边沿加 300mm	m²
台阶装饰	包括石材台阶面、块料台阶面、拼碎块料台阶面、水泥砂浆台阶面、现浇水磨石台阶面和剁假石台阶面	按设计图示尺寸以台阶(包括最上层踏步边沿加 300mm)水平投影面积计算	
其他零星装饰项目	包括石材零星项目、拼碎石材零星项目、块料零星项目和水泥砂浆零星项目	按设计图示尺寸以面积计算	

注:1. 不论何材质的门或五金都应按照其不同的分类进行分别编码列项。

2. 以樘计量,项目特征必须描述洞口尺寸,没有洞口尺寸的,必须描述门框或门扇外围尺寸,以平方米计量,项目特征可不描述洞口尺寸或框、扇的外围尺寸。

3. 木质门带套计量按洞口尺寸以面积计算,不包括门套的面积。

2.7 墙面不同工程的工程量计算

工程名称	工程内容	工程量计算规则	计量单位
抹灰工程			
墙面抹灰	包括一般性抹灰、装饰性抹灰、墙面勾缝及立面砂浆找平层	按设计图示尺寸以面积计算。扣除墙裙、门窗洞口及单个 $0.3m^2$ 以上的孔洞面积，不扣除踢脚线、挂镜线和墙与构件交接处的面积，门窗洞口和孔洞的侧壁及顶面不增加面积。附墙柱、梁、垛、烟囱侧壁并入相应的墙面面积内。 （1）内墙抹灰面积按主墙间的净长乘以高度计算 ①无墙裙的，高度按室内楼地面至天棚底面计算； ②有墙裙的，高度按墙裙顶至天棚底面计算。 （2）内墙裙抹灰面积按内墙净长乘以高度计算 （3）有吊顶的天棚，其高度按室内地面或楼面至天棚底面的垂直距离另加 100mm 计算 （4）窗台线、门窗套、腰线等展开宽度在 300mm 以内者，按装饰线以延长米计算	m^2

续表

工程名称	工程内容	工程量计算规则	计量单位
柱（梁）面抹灰	包括一般性抹灰、装饰性抹灰、柱面勾缝及柱面砂浆找平层	按设计图示柱断面周长乘以高度以面积计算	m²
零星抹灰	包括零星项目一般抹灰、零星项目装饰抹灰和零星项目砂浆找平	按设计图示尺寸以面积计算	
块料镶贴工程			
墙面块料面层	包括石材墙面、拼碎石材墙面、块料墙面和干挂石材钢骨架	按设计图示尺寸以镶贴表面积计算	m²
柱（梁）面镶贴块料	包括石材柱面、块料柱面、拼碎石材柱面、石材梁面和块料梁面	按镶贴表面积计算	
墙、柱面饰面工程			
墙、柱（梁）面饰面	主要包括木质板材饰面、金属板材饰面	按镶贴表面积计算	m²
幕墙工程			
带骨架幕墙	主要包括骨架制作、运输、安装以及嵌缝等其他施工内容	按设计图示框外围尺寸以面积计算。与幕墙同种材质的窗所占面积不扣除	m²

续表

工程名称	工程内容	工程量计算规则	计量单位
全玻（无框玻璃）幕墙	主要包括玻璃的安装以及嵌缝等施工内容	按设计图示尺寸以面积计算。带肋全玻幕墙按展开面积计算	m²
隔断工程			
木隔断	主要包括用实木、复合木板以及贴木条等材料达成木质效果的隔断	按设计图示框外围尺寸以面积计算。不扣除单个≤0.3m²的孔洞所占面积；浴厕门的材质与隔断相同时，门的面积并入隔断面积内	m²
玻璃隔断	主要包括有框玻璃或无框玻璃所制的隔断	按设计图示框外围尺寸以面积计算，不扣除单个≤0.3m²的孔洞所占面积	
塑料隔断	主要包括主要材料为塑料的隔断		
成品隔断	主要施工内容是成品隔断的定制与安装	①按设计图示框外围尺寸以面积计算 ②按设计间的数量以间计算	①m² ②间
其他隔断	其他隔断主要包括用其他隔板材料所制作的隔断	按设计图示框外围尺寸以面积计算，不扣除单个≤0.3m²的孔洞所占面积	m²

注: 1. 立面砂浆找平项目仅适用于做找平层的墙面抹灰。

2. 飘窗凸出外墙面增加的抹灰不计算工程量，需在综合单价中考虑。

3. 柱面砂浆找平项目仅适用于做找平层的柱面抹灰。

4. 墙柱面≤0.5m²的少量分散的镶贴块料面层应按零星项目执行。

 ## 2.8 顶棚不同工程的工程量计算

工程名称	工程内容	工程量计算规则	计量单位
天棚抹灰			
天棚抹灰	主要包括天棚中的底层抹灰和面层抹灰	按设计图示尺寸以水平投影面积计算。不扣除间壁墙、垛柱、附墙烟囱、检查口和管道所占面积，带梁天棚梁两侧抹灰面积并入天棚面积内，板式楼梯地面抹灰按斜面积计算，锯齿形楼梯底板抹灰按展开面积计算	m²
吊顶			
天棚吊顶	主要是指具有一定高度的顶棚基本结构，包括一些吊杆、龙骨、基层板、面层以及防护材料的安装和涂刷	按设计图示尺寸以水平投影面积计算。天棚中的灯槽及跌级、锯齿形、吊挂式、藻井式天棚面积不展开计算。不扣除间壁墙、检查口附墙烟囱、垛柱和管道所占面积，扣除单个 > 0.3m² 的孔洞、独立柱与天棚相连的窗帘盒所占的面积	m²

续表

工程名称	工程内容	工程量计算规则	计量单位
格栅吊顶	主要包括木龙骨（或其他格栅材料）、边框等的制作和安装	按设计图示尺寸以水平投影面积计算	m²
吊筒吊顶	主要包括吊筒的制作、安装以及防护涂料的涂刷		
藤条造型悬挂吊顶	主要包括龙骨安装、铺贴面层以及装饰的安装等		
织物软雕吊顶			
网架（装饰）吊顶	主要包括网架的制作和安装		
采光天棚			
采光天棚	主要包括面层的制作、安装以及嵌缝等	按框外围展开面积计算	m²
其他天棚装饰			
灯带（槽）	主要包括灯带（槽）的安装和固定	按设计图示尺寸以框外围展开面积计算	m²
送风口、回风口	主要包括风口材料的安装、固定以及防护涂料的涂刷	按设计图示数量计算	个

 2.9 门的工程量计算

工程名称	工程内容	工程量计算规则	计量单位
常规门			
木门	包括木质门、木质门带套、木质连窗门、木质防火门和木门框	①以樘计量，按设计图示数量计算 ②以平方米计量，按设计图示洞口尺寸以面积计算	①樘 ② m²
金属门	包括金属（塑钢）门、彩板门、钢质防火门、防盗门等		
金属卷帘（闸）门	包括金属卷帘（闸）门、防火卷帘（闸）门		
门锁安装	主要包括门锁的安装	按设计图示数量计算	个（套）
厂库房大门			
木板大门	主要包括门（骨架）制作、运输以及五金等配件的安装，并刷防护材料	①以樘计量，按设计图示数量计算 ② 以平方米计量，按设计图示洞口尺寸及面积计算	①樘 ② m²
钢木大门			
全钢板大门			
金属格栅门			
特种门	分为冷藏门、冷冻间门、保温门、变电室门、隔音门、防射线门、人防门、金库门等项目，分别编码列项		

续表

工程名称	工程内容	工程量计算规则	计量单位
防护铁丝门	主要包括门（骨架）制作、运输以及五金等配件的安装，并刷防护材料	①以樘计量，按设计图示数量计算 ②以平方米计量，按设计图示门框或扇以面积计算	①樘 ②m²
其他门			
其他门	主要包括平开电子感应门、旋转门、电子对讲门、电动伸缩门、全玻自由门和镜面不锈钢饰面门	①以樘计量，按设计图示数量计算 ②以平方米计量，按设计图示洞口尺寸及面积计算	①樘 ②m²

注: 1. 不论何种材质的门或五金都应按照其不同的分类进行分别编码列项。

2. 以樘计量，项目特征必须描述洞口尺寸，没有洞口尺寸的，必须描述门框或门扇外围尺寸；以平方米计量，项目特征可不描述洞口尺寸及框、扇的外围尺寸。

3. 木质门带套计量按洞口尺寸以面积计算，不包括门套的面积。

 2.10 窗的工程量计算

工程名称	工程内容	工程量计算规则	计量单位
木窗			
木质窗	主要包括窗的制作、运输、安装以及五金、玻璃的安装，并刷防护涂料	①以樘计量，按设计图示数量计算 ②以平方米计量，按设计图示洞口尺寸及面积计算	①樘 ②m²
木质成品窗	主要包括窗、五金及玻璃的安装		
木橱窗		①以樘计量，按设计图示数量计算 ②以平方米计量，按设计图示以框外围展开面积计算	
木飘（凸）窗	主要包括窗的制作、运输、安装以及五金、玻璃的安装，并刷防护涂料		

续表

工程名称	工程内容	工程量计算规则	计量单位
金属窗			
金属（塑钢、断桥）窗	主要包括窗、五金及玻璃的安装	①以樘计量，按设计图示数量计算 ②以平方米计量，按设计图示洞口尺寸及面积计算	①樘 ②m²
金属纱窗			
金属格栅窗			
金属防火窗	主要包括窗的制作、运输、安装以及五金、玻璃的安装，并刷防护涂料		
金属百叶窗			
金属（塑钢、断桥）橱窗			
金属（塑钢、断桥）飘（凸）窗		①以樘计量，按设计图示数量计算 ②以平方米计量，按设计图示以框外围展开面积计算	
彩板窗	主要包括窗、五金及玻璃的安装	①以樘计量，按设计图示数量计算 ②以平方米计量，按设计图示洞口尺寸或框外围尺寸以面积计算	

续表

工程名称	工程内容	工程量计算规则	计量单位
窗套			
木窗套	主要包括立筋的制作与安装、基层板、面层的铺贴以及线条的安装，并刷防护涂料	①以樘计量，按设计图示数量计算 ②以平方米计量，按设计图示洞口尺寸以面积计算 ③以米计量，按设计图示中心以延长米计算	①樘 ②m² ③m
木筒子板			
饰面夹板筒子板			
石材窗套	主要包括立筋的制作与安装、基层板、面层的铺贴以及线条的安装		
窗木贴脸	主要施工内容为贴脸板的安装	①以樘计量，按设计图示数量计算 ②以米计量，按设计图示中心以延长米计算	①樘 ②m
成品木窗套	主要包括立筋的制作与安装以及贴脸板的安装	①以樘计量，按设计图示数量计算 ②以平方米计量，按设计图示洞口尺寸以面积计算 ③以米计量，按设计图示中心以延长米计算	①樘 ②m² ③m

续表

工程名称	工程内容	工程量计算规则	计量单位
窗台板			
窗台板	主要包括木窗台板、铝塑窗台板、金属窗台板和石材窗台板	按设计图示尺寸以展开面积计算	m²
窗帘、窗帘盒、窗帘轨			
窗帘（杆）	主要包括窗帘杆的制作与运输及安装	①以米计量，按设计图示以长度计算 ②以平方米计量，按图示尺寸以展开面积计算	① m ② m²
窗帘盒、窗帘轨	主要包含木窗帘盒、饰面夹板窗帘盒、塑料窗帘盒、铝合金窗帘盒及窗帘轨	按设计图示以长度计算	m

注： 1. 根据不同材质或形式，对窗分别编码列项。

2. 窗帘若是双层，则项目特征必须描述每层材质。

3. 窗帘以米计量，项目特征必须描述窗帘的高度和宽度。

 2.11 油漆、涂料及裱糊工程的工程量计算

（1）油漆、涂料及裱糊工程的工程量计算规则

工程名称	工程内容	工程量计算规则	计量单位
门油漆	包括木门油漆和金属门油漆	①以樘计量，按设计图示数量计算 ②以平方米计量，按设计图示洞口尺寸以面积计算	①樘 ②m²
窗油漆	包括木窗油漆和金属窗油漆		
木扶手及其他板条、线条油漆	主要包括木扶手、窗帘盒、封檐板、顺水板、挂衣板、黑板框、单独木线、挂镜线、窗帘棍的油漆工程	按设计图示尺寸以长度计算	m
木材面油漆	主要包括木板、纤维板、胶合板油漆、木护墙、木墙裙油漆、窗台板、筒子板、盖板、门窗套等饰面上的油漆	按设计图示尺寸以面积计算	m²

续表

工程名称	工程内容	工程量计算规则	计量单位
隔断油漆	主要包括木间壁、木隔断油漆，玻璃间壁露明墙筋油漆，木栅栏、木栏杆（带扶手）油漆	按设计图示尺寸以单面外围面积计算	m²
柜体、梁柱饰面油漆	主要包括衣柜、壁柜油漆，梁柱饰面油漆以及其他零星木装修油漆	按设计图示尺寸以油漆部分展开面积计算	
木地板油漆	主要包括刮腻子、刷防护涂料、油漆等内容	根据设计图示尺寸以面积计算。空洞、空圈、暖气包槽、壁龛的开口部分并入相应的工程量内	
木地板烫硬蜡面	主要包括清理基层、烫蜡等内容		
金属面油漆	主要包括刮腻子、刷防护涂料、油漆等内容	以平方米计量，按设计图示尺寸以展开面积计算	m²
抹灰面油漆			
抹灰面	主要包括刮腻子、刷防护涂料或油漆	按设计图示尺寸以面积计算	m²
满刮腻子	主要包括基层清理及刮腻子		
抹灰线条油漆	主要包括刮腻子、刷防护涂料或油漆	按设计图示尺寸以长度计算	m

续表

工程名称	工程内容	工程量计算规则	计量单位
喷刷涂料			
墙面喷刷涂料、天棚喷刷涂料	主要包括刮腻子以及喷、刷涂料	按设计图示尺寸以面积计算	m²
空花格、栏杆刷涂料		按设计图示尺寸以单面外围面积计算	
线条刷涂料		按设计图示以长度计算	
金属构件喷刷防护涂料	主要包括基层清理并刷防护涂料或油漆	①以平方米计量，按设计展开面积计算 ②以吨计量，按设计图示尺寸以质量计算	①m² ②t
木材构件喷刷防护涂料	主要包括基层清理并刷防护涂料	①以平方米计量，按设计图示尺寸以面积计算 ②以立方米计量，按设计结构尺寸以体积计算	①m² ②m³
裱糊			
墙纸裱糊	主要包括刮腻子、面层铺贴及刷防护涂料	按设计图示尺寸以面积计算	m²
织物锦缎裱糊			

（2）木门的工程量系数

木门刷油漆工程量，按不同木门类型、油漆品种、油漆工序、油漆遍数，以木门洞口单面面积乘以木门工程量系数计算（执行单层木门定额）。木门工程量系数如下表所示。

项目	工程量系数	计算方法
单层木门	1.00	
双层（一玻一纱）木门	1.36	
双层（单裁口）木门	2.00	按单面洞口面积计算
单层全玻门	0.83	［注：双层（单裁口）木门是指双层框扇］
单层半玻门	0.91	
木百叶门、木格门	1.25	
厂库大门	1.10	

（3）木窗的工程量系数

木窗刷油漆工程量，按不同木窗类型、油漆品种、油漆工序、油漆遍数，以木窗洞口单面面积乘以木窗工程量系数计算（执行单层木窗定额）。木窗工程量系数如下表所示。

项目	工程量系数	计算方法
单层玻璃窗	1.00	按单面洞口面积计算
双层（一玻一纱）木窗	1.36	

续表

项目	工程量系数	计算方法
双层框扇（单裁口）木窗	2.00	
双层框三层（二玻一纱）	2.60	
单层组合窗	0.83	按单面洞口面积计算
双层组合窗	1.13	
木百叶窗	1.50	

（4）木扶手及其他板条、线条的工程量系数

木扶手、窗帘盒、封檐板、顺水板、挂衣板、黑板框、单独木线条等油漆工程量，按不同类型、油漆品种、油漆工序、油漆遍数，以其长度乘以相应工程量系数计算定额。木扶手及其他板条、线条的工程量系数如下表所示。

项目	工程量系数	计算方法
木扶手（不带托板）	1.00	
木扶手（带托板）	2.60	
窗帘盒	2.04	按延长米计算
封檐板、顺水板	1.74	
挂衣板、黑板框、单独木线条（100mm以外）	0.52	
挂衣板、黑板框、单独木线条（100mm以内）	0.35	

（5）木材面油漆的工程量系数

木材面油漆工程量，按不同类型、油漆品种、油漆工序、油漆遍数，以其油漆计算面积乘以其木材面工程量系数计算。木材面油漆的工程量系数如下表所示。

项目	工程量系数	计算方法
木板、纤维板、胶合板顶棚、檐口	1.00	按实际面积计算
清水板条天棚、檐口	1.07	
窗台板、筒子板、盖板	0.82	
木方格吊顶顶棚	1.20	
吸声板墙面、顶棚面	0.87	
暖气罩	1.28	
鱼鳞板墙	2.48	
木间壁、木隔断	1.90	按单面外围面积计算
玻璃间壁露明墙筋	1.65	
木栅栏、木栏杆（带扶手）	1.82	
木制家具	1.00	按实际面积或延长米计算
零星木装饰	0.87	按展开面积计算

续表

项目	工程量系数	计算方法
木屋架	1.79	跨长（长）× 中高 ×1/2
屋面板（带檩条）	1.11	斜长 × 宽

注： 当顶棚线脚和基面同时刷油漆时，其工程量在基面基础上乘以 1.05 即可，不再重复计算其线脚的工程量。

（6）抹灰面刷油漆的工程量系数

抹灰面刷油漆的工程量，按不同油漆品种、油漆遍数、油漆部位、施工方法，以油漆计算面积乘以抹灰面工程量系数计算。抹灰面刷油漆的工程量系数如下表所示。

项目	工程量系数	计算方法
楼地板、顶棚、墙、柱、梁面	1.00	按水平投影面积计算
混凝土楼梯底（板式）	1.18	
混凝土楼梯底（梁式）	2.00	
混凝土花格窗、栏杆花饰	2.00	按外围面积计算
槽形底板混凝土折板 梁高 500mm 以内（非墙位） 底板 梁高 500mm 以内（非墙位） 密肋梁、井字梁底板	—	按主墙间净面积计算

2.12 室内拆除工程的工程量计算

工程名称	工程内容	工程量计算规则	计量单位
建筑构件拆除			
砖砌体拆除	主要是对砖砌的墙、柱、水池等进行拆除	①以立方米计量,按拆除的体积计算 ②以米计量,按拆除的延长米计算	① m³ ② m
混凝土及钢筋混凝土构件拆除	主要是对混凝土相关构件进行拆除	①以立方米计量,按拆除构件的混凝土体积计算 ②以平方米计量,按拆除部位的面积计算 ③以米计量,按拆除部位的延长米计算	① m³ ② m² ③ m
木构件拆除	主要是对木梁、木柱、木楼梯、木屋架、木楼板等进行拆除		
装修构件拆除			
抹灰层拆除	抹灰层种类可分为一般抹灰或装饰抹灰	以平方米计量,按拆除部位的面积计算	m²
块料基层拆除	拆除的基层类型包括砂浆层、防水层、干挂或挂贴所采用的钢骨架层等		

续表

工程名称	工程内容	工程量计算规则	计量单位
龙骨及饰面拆除	包括楼地面龙骨及饰面拆除、墙柱面龙骨及饰面拆除、天棚面龙骨及饰面拆除	以平方米计量，按拆除部位的面积计算	m²
屋面拆除	刚性层拆除、防水层拆除		
铲除油漆涂料裱糊面	主要包括墙面、柱面、天棚及门窗上的油漆、涂料及裱糊面的铲除	①以平方米计量，按铲除部位的面积计算 ②以米计量，按铲除部位的延长米计算	① m² ② m
栏杆、栏板拆除	主要包括对栏杆、栏板的拆除以及拆除后的清理		
隔断、隔墙拆除	主要包括对隔断、隔墙的拆除以及拆除后的清理	按拆除部位的面积计算	m²
门窗拆除	主要包括木门窗拆除、金属门窗拆除	①以平方米计量，按拆除部位的面积计算 ②以樘计量，按拆除樘数计算	① m² ②樘
金属构件拆除	主要包括钢柱拆除、钢架拆除	①以吨计量，按拆除构件的质量计算 ②以米计量，按拆除延长米计算	① t ② m

续表

工程名称	工程内容	工程量计算规则	计量单位
钢网架拆除	主要包括钢网架的拆除及清理	按拆除构件的质量计算	t
钢支架、钢墙架拆除	主要包括钢支架、钢墙架的拆除及清理	①以吨计量，按拆除构件的质量计算②以米计量，按拆除延长米计算	① t② m
其他金属构件拆除	主要包括其他金属构件的拆除及清理		
管道及卫生洁具拆除			
管道拆除	主要包括管道的拆除及清理	按拆除管道的延长米计算	m
卫生洁具拆除	主要包括卫生洁具的拆除及清理	按拆除的数量计算	①套②个
灯具、玻璃、其他构件拆除			
灯具拆除	主要包括灯具的拆除及清理	按拆除的数量计算	套
玻璃拆除	主要包括玻璃的拆除及清理	按拆除的面积计算	m²

工程名称	工程内容	工程量计算规则	计量单位
暖气罩拆除	主要包括暖气罩的拆除及清理	①以个为单位计量,按拆除个数计算 ②以米为单位计量,按拆除的延长米计算	①个 ②m
柜体拆除	主要包括不同柜体的拆除及清理		
窗台板、筒子板拆除	主要包括窗台板、筒子板的拆除及清理	①以块计量,按拆除数量计算 ②以米为单位计量,按拆除的延长米计算	①块 ②m
窗帘盒、窗帘轨拆除	主要包括窗帘盒、窗帘轨的拆除及清理	按拆除的延长米计算	m
开孔（打洞）	主要包括不同部位的开孔（打洞）及清理	按数量计算	个

2.13 室内其他装饰工程的工程量计算

工程名称	工程内容	工程量计算规则	计量单位
家具	主要包括室内装饰的各种柜类、货架及台类家具等	①以个计量，按设计图示数量计算 ②以米计量，按设计图示尺寸以延长米计算 ③以平方米计量，按设计图示尺寸以面积计算	① 个 ② m ③ m²
压线、装饰线	主要包括金属、木质、石材、石膏、铝塑、塑料装饰线和镜面玻璃线	按设计图示尺寸以长度计算	m
扶手、栏杆、栏板装饰	主要包括金属、硬木或塑料扶手，栏杆、栏板，金属或硬木靠墙扶手，玻璃栏板等	按设计图示尺寸以扶手中心线长度（包括弯头长度）计算	m
暖气罩	主要包括饰面板、塑料和金属等暖气罩	按设计图示尺寸以垂直投影面积（不展开）计算	m²

续表

工程名称	工程内容	工程量计算规则	计量单位
浴厕配件			
洗漱台	主要包括不同材料及形式洗漱台的台面及支架的运输、安装，并刷油漆	① 按设计图示尺寸以台面外接矩形面积计算。不扣除孔洞、挖弯、削角所占面积，挡板、吊沿板面积并入台面面积内 ②按设计图示数量计算	①m² ②个
晾衣架、帘子杆、浴缸拉手、卫生间扶手	主要包括杆、环、盒及其他配件的安装，并刷油漆	按设计图示数量计算	个
毛巾杆（架）	主要包括杆、环配件的安装，并刷油漆		套
毛巾环			副
卫生纸盒	主要包括不同盒子的制作、安装并刷油漆		个
肥皂盒			
招牌、灯箱			
平面、箱式招牌	在完成基层的安装后，对箱体及支架进行制作、运输、安装，最后对面层进行制作、安装并刷防护涂料或油漆	按设计图示尺寸以正立面边框外围面积计算，复杂的凹凸造型部分不增加面积	m²
竖式标箱、灯箱		按设计图示数量计算	个
美术字	对美术字进行制作、运输、安装后刷油漆		

第三章
装修施工项目的计价

在完成深化设计以及工程量的计算后，设计师要对不同施工项目的施工内容及工价有着一定的了解，再根据不同项目的工程量、主材、辅材、工价等对整个施工项目的价格进行计算，整理出不同施工项目所需要的预算表，方便给业主查看相关信息。

 3.1 搬运工施工内容及工价

住宅搬运工主要负责将辅材、主材等材料从材料卸车地点运送到住宅所在楼层。因为住宅装修涉及的辅材、主材种类非常多，因此搬运费也就根据具体材料来定价。

3.1.1 泥瓦类材料搬运工价

泥瓦类材料包含水泥、河沙等辅材，以及瓷砖、石材等主材，具体搬运工价如下表所示。

编号	搬运项目	工价说明	图解说明
1	水泥	一袋水泥运一层楼的工价为 1~1.3 元（水泥为 50kg/ 袋）	袋装水泥
2	河沙	一立方米河沙运一层楼的工价为 15~20 元（一立方米河沙约为 1.35~1.45t，可装 50 袋）	优质河沙
3	红砖、轻体砖	一块红砖运一层楼的工价为 0.1~0.2 元（红砖尺寸为 240mm × 115mm × 53mm）	红砖

续表

编号	搬运项目	工价说明	图解说明
4	瓷砖、大理石	小件瓷砖一件运一层楼的工价为0.8~1.5元；大件瓷砖一件运一层楼的工价为2~3元（小件瓷砖多指600mm×600mm及以下的瓷砖，大件瓷砖多指800mm×800mm及以上的瓷砖）	瓷砖

💡注意事项

① 在住宅有电梯且可用于运输材料的情况下，材料搬运则不涉及楼层费。搬运工一般只收取少量的短程运输费。

② 若住宅为跃层户型，材料从楼下运到楼上还需加一层的搬运费，其费用计算方式与楼房方式一样，并不因楼上楼下为同一住宅而减免。

③ 一袋水泥重量通常为50kg，属于较重的材料，因此搬运费相对高一些，达到1元多一层楼。部分城市也有低于1元的搬运费，但一般楼层高度限制在8楼以下。

④ 河沙属于松散的材料，需要装袋运输，像水泥一样一层楼一层楼地向上扛。考虑到我们购买河沙时，是按照吨数计算，因此搬运费延续了以吨数计算的模式。

⑤ 红砖和轻体砖因块状较小，搬运麻烦，在工价上按照块数收费，一块红砖运一层楼约为0.1元钱。

⑥ 瓷砖或石材一类材料属于易碎品，在搬运的过程中应格外小心磕碰的问题。一般来说，瓷砖越大，受限于楼道的宽度，搬运越困难，因此往往尺寸越大的瓷砖，搬运费用越高。

3.1.2 水电类材料搬运工价

水电类材料包含电线、水管、管材配件、防水涂料等材料，具体搬运工价如下表所示。

编号	搬运项目	工价说明	图解说明
1	电线、穿线管等电路材料	按项计费。从指定地点运送到住宅所在楼层，工价为260~320元	 电线
2	给水管、排水管等水路材料	按项计费。从指定地点运送到住宅所在楼层，工价为280~360元	 冷热给水管

💡注意事项

① 水电材料一般不收取二次搬运费，也就是说，商家会免费派人送材料到住宅所在楼层。但一些不管材料运输的商家，一般会按照项目收取费用，即将水路材料分为一项，电路材料分为一项，然后定一个搬运价，合作供应商会给设计公司一个相应的报价。

② 水电材料中的电线、水管、管材配件等数量多、体积小，不便于按照数量计费，因此搬运工为了便于核算价钱，按照项目收费。以三室两厅的水电材料为例，水电材料的上楼费总额一般为460~630元。

3.1.3 木作类材料搬运工价

木作类材料包含石膏板、木龙骨等辅材，以及木地板、木门等主材，具体搬运工价如下表所示。

编号	搬运项目	工价说明	图解说明
1	细木工板、石膏板、饰面板等板材	一张板材运一层楼的工价为 0.4~0.6 元	免漆板
2	木龙骨、轻钢龙骨等辅材	一卷龙骨运一层楼的工价为 0.3~0.5 元（一卷龙骨约为 6~10 根。20 根一卷的龙骨搬运价另计）	木龙骨
3	套装门	一扇套装门运一层楼的工价为 2~3.3 元（一扇套装门包括门扇、门套等组件）	套装门
4	木地板	一包木地板运一层楼的工价为 1~1.3 元（一包木地板为 2~2.4m² ）	木地板

🔆注意事项

① 木作板材包括细木工板、石膏板、生态板、免漆板、饰面板、刨花板、密度板、指接板、胶合板等板材。这些板材的尺寸均为1220mm×2440mm，只在厚度上略有差别，因此搬运上楼费工价一致。

② 一卷木龙骨有5根、6根、8根、10根、20根的差别。一般情况下，10根以下的一卷木龙骨搬运上楼工价一致，20根一卷的龙骨搬运费翻倍。

③ 成品木地板按照包数收费，不同尺寸的木地板每包的片数略有区别；但面积相差不大。

④ 套装门搬运另有一种计费方式，即按包计费，每包2元左右。一包套装门材料约有1m²，一扇套装门面积为1.7~2m²。也就是说，一扇套装门的搬运费在4元以上。

3.1.4 油漆类材料搬运工价

油漆类材料包含墙固、石膏粉、腻子粉、乳胶漆、壁纸等材料，具体搬运工价如下表所示。

编号	搬运项目	工价说明	图解说明
1	石膏粉、腻子粉、乳胶漆等墙面漆材料	按项计费。从指定地点运送到住宅所在楼层，工价一般为260~350元	乳胶漆

续表

编号	搬运项目	工价说明	图解说明
2	壁纸	按项计费。从指定地点运送到住宅所在楼层，工价一般为 80~120 元	 壁纸
3	硅藻泥	按项计费。从指定地点运送到住宅所在楼层，工价一般为 60~90 元	 硅藻泥

♀ 注意事项

① 油漆类材料涉及的乳胶漆、壁纸、硅藻泥等，数量较少，重量较轻，因此不按数量计费，而是按照项目计费。以乳胶漆为例，一套三室两厅的住宅，底漆约为一大桶和一小桶，面漆约为两大桶，总共不超过四桶，按项目计费显然方便快捷。

② 乳胶漆、壁纸、硅藻泥等材料一般商家不收取二次搬运费，也就是说，这类材料通常免费送货上门。在与合作供应商沟通的过程中，可以协商后免费送货上门。

3.1.5 家具搬运工价

家具包含沙发、茶几、餐桌椅、床、书桌、柜体等主材，具体搬运工价如下表所示。

编号	搬运项目	工价说明	图解说明
1	沙发、餐桌椅、床、柜体等大件家具	按件计费。一件家具运一层楼的工价一般为 20~50 元	成品沙发
2	沙发、餐桌椅、床、柜体等大件家具	按天计费。一位搬运工一天的工时费 200~270 元	餐桌椅

💡**注意事项**

①商家售卖的家具，无论是沙发、茶几，还是餐桌椅、床等，一般不包含搬运费，搬运费需要报价给业主支付。

②家具有两种搬运计费方式，一种是按件计费，一种是按天计费。若住宅楼层低，家具件数少，则按件计费更划算一些；若家具件数多，楼层高，则按天计费更划算一些。

3.1.6 垃圾清运工价

垃圾清运包含墙体拆改施工垃圾、铺砖施工垃圾、木作施工垃圾、油漆施工垃圾等。具体垃圾清运工价如下表所示。

编号	搬运项目	工价说明	图解说明
1	住宅内所有施工垃圾清运	按建筑面积计费。垃圾清运工价为 4～6 元 /m²	 住宅施工垃圾

续表

编号	搬运项目	工价说明	图解说明
2	住宅内所有施工垃圾清运	按工程直接费计费。垃圾清运费占工程直接费的 1.5~1.8%	 住宅施工现场

♀注意事项

① 垃圾清运贯穿于整个住宅装修期间。从前期的墙体拆改、水电施工，到中期的泥瓦铺砖、木作吊顶，再到后期的涂刷墙漆、家具进场，每个工种结束施工后，都要安排人员进场清理垃圾。

② 垃圾清运一般按照建筑面积计费，而不是套内面积。

③ 工程直接费的计费方式通常发生在装修公司，装修公司负责住宅垃圾清运，并收取直接费的 1.5%~1.8%。

④ 一般情况下，垃圾清运只负责将住宅所在楼层的垃圾清运到小区物业指定的垃圾站。若超出这个范围，则需要另外加钱。

3.2 拆除施工内容及工价

3.2.1 拆除施工内容

3.2.2 拆除施工工价

  泥瓦工砌墙施工内容包括砌筑 120mm、240mm 厚度墙体,以及包立水管等。这些施工项目之间的工价差别不大。具体施工工价如下表所示。

编号	施工项目	工价说明	图解说明
1	拆除砖墙（12cm、24cm）	35~40 元 / m^2	 拆除砖墙
2	拆除门、窗	每扇门或窗的拆除工价为 14~20 元	 拆除户外窗
3	铲除原墙、顶面批灰	3.5~4 元 / m^2	 铲除原墙面批灰
4	滚刷环保型胶水	1.6~2 元 /m^2	 滚刷环保型胶水
5	打洞（直径 4cm、6cm、10cm、16cm）	每个洞的施工工价为 25~50 元	 打洞

续表

编号	施工项目	工价说明	图解说明
6	开门洞	每个门洞的施工工价为 150~180 元	 开门洞
7	铲除地面砖	16~18 元 / m²	 铲除地面砖
8	铲除墙面砖	10~18 元 / m²	 铲除墙面砖
9	拆除洁具	按全房洁具收费，一项施工工价为 250 元	 拆除洁具
10	拆木地板	15~25 元 / m²	 拆木地板

装修预算随身查

3.2.3 拆除工程预算表

住宅装修施工的第一项工程是拆除工程。业主根据设计好的装修施工图纸对室内的墙体进行拆改。结构拆除完成后，才能进行砌筑、水电、木作、油漆等后续工程。拆除工程的预算支出与其他施工项目相比占比不高，具体如下面的预算表所示。

编号	施工项目名称	主材及辅材	单位	工程量	单价/元				预算总价[1]/元	备注说明
					主材	辅材	人工	合计		
1	拆除砖墙（12cm、24cm）	砖墙、人工、工具（需提供房屋安全鉴定书）	m²	–	0	0	40~45	40~45	–	房屋鉴定中心鉴定后按实际计算
2	拆除门窗	含钢门、钢窗及玻璃门等、工具、人工	扇	–	0	0	14~20	14~20	–	–
3	铲除原墙、顶面批灰（根据实际情况）	工具、人工（铲墙后必须刷环保型胶水）	m²	–	0	0	3.5~4	3.5~4	–	刷环保型胶水费用另计

064

续表

编号	施工项目名称	主材及辅材	单位	工程量	单价/元				预算总价①/元	备注说明
					主材	辅材	人工	合计		
4	滚刷环保型胶水	墙面满涂刷环保型胶水，工具、人工	m²	—	3.5~3.8	0	1.6~2	5.1~5.8	—	××品牌产品
5	打洞（直径4cm、6cm、10cm、16cm）	机器、工具、人工	个	—	0	0	25~50	25~50	—	水管孔、空调孔、吸油烟机孔等
6	开门洞	洞口尺寸850×2100mm以内，工具、人工	个	—	0	0	150~180	150~180	—	超出部分按面积同比例递增
7	铲除地面砖	含购袋、铲除，铲至水泥面。不含铲除水泥面	m²	—	0	0	16~18	16~18	—	—
8	铲除墙面砖	含购袋、铲除，铲至水泥面。不含铲除水泥面	m²	—	0	0	10~18	10~18	—	—

续表

编号	施工项目名称	主材及辅材	单位	工程量	单价/元				预算总价① /元	备注说明
					主材	辅材	人工	合计		
9	拆洁具	全房洁具	项	—	0	0	250	250	—	—

① 预算总价 = 工程量 × 单价合计，下同。

♀注意事项

① 拆除砖墙是拆除工程的第一项作业内容，只涉及人工费，需要注意，拆除砖墙按照 m² 收费，不按照 m 收费，以一面 2m×3m 的砖墙为例，工程量为 6m²，而不是 12m²。

② 拆除门窗项目多发生在二手房中，毛坯房通常不需要拆除门窗。此项按图纸中标注的拆除个数来计算。

③ 铲除原墙、顶面批灰是指毛坯房墙面上的白色涂料，因批灰为建筑施工单位涂刷，存在产品质量不高和影响后期装修施工等问题，需要在前期铲除。铲除按照 m² 收费，以卧室为例，周长 × 层高 + 顶面长 × 顶面宽 − 门洞面积 − 飘窗面积 = 工程量。

④ 滚刷环保型胶水可加固墙面，防止裂缝，是前期需要投入的一项预算。

⑤ 打洞和开门洞按个数收费，不同直径大小的孔洞收费标准不同，孔洞越大，收费越高。

3.3 泥瓦施工内容及工价

3.3.1 泥瓦施工内容

3.3.2 砌墙施工工价

砌墙施工内容包括砌筑 120mm、240mm 厚墙体，以及包立水管等。这些施工项目之间的工价差别不大，具体施工工价如下表所示。

编号	施工项目	工价说明	图解说明
1	砌筑墙体（120mm 厚）	35~40 元 /m²	120mm 厚墙体砌筑
2	砌筑墙体（240mm 厚）	45~55 元 /m²	240mm 厚墙体砌筑
3	新砌墙体粉刷（即墙体抹灰）	11.5~13.5 元/m²	墙体抹灰
4	墙体开槽、粉槽	3~ 6 元 /m	墙地面开槽

续表

编号	施工项目	工价说明	图解说明
5	落水管封砌及粉刷（即包立管）	一根落水管封砌及粉刷的施工工价为74～85元	包立管

💡 注意事项

① 砌筑 120mm 厚和 240mm 厚墙体的施工工价相差 5~10 元，因为 240mm 厚墙体的砌筑工艺相对较为复杂。

② 砌筑墙体的工程量按照单面墙的长乘宽计算，而墙体粉刷则按照双面墙的长乘宽计算，这是计算时需要注意的地方。

③ 墙体开槽、粉槽是指水电工走电线、水管的凹槽。标准宽度为 30mm，每增宽 25mm，需要增加人工费 2~4 元 /m。

④ 落水管砌筑主要分布在卫生间、厨房和阳台，按根计费，包几根落水管便收几根的价钱。

3.3.3 泥瓦铺砖施工工价

泥瓦工铺砖施工内容包括厨卫和客餐厅的墙地砖等。施工工价因铺贴工艺不同而有较大差别，具体施工工价如下表所示。

编号	施工项目	工价说明	图解说明
1	门槛石、挡水条	20~25 元 /m	 淋浴房挡水条
2	石材磨边	14~18 元 /m	石材磨边
3	地面找平	12~20 元 /m²	地面找平
4	墙、地面砖直铺	26~35 元 /m² （直接铺贴）	地面砖直铺
5	墙、地面砖斜铺	46~55 元 /m² （斜贴、拼花）	墙面砖斜铺

续表

编号	施工项目	工价说明	图解说明
6	墙面腰线砖以及花砖	2~4 元 / 片	墙面腰线

💡 **注意事项**

① 墙、地面砖直铺和斜铺的人工费每平方米相差 20 元左右，其中斜铺人工费中包含 45° 角斜铺，和简单的瓷砖拼花。若墙地面砖的拼花复杂度较高，则需要另外增加人工费。

② 地面找平是指水泥砂浆找平的人工费，另有一种自流平的地面找平人工费不包含在内。

③ 门槛石、挡水条的人工费要求石材的宽度在 300mm 以内，超过的部分需要另计人工费。

④ 石材磨边是指门槛石磨边、窗台板磨边等，按延长米计费。

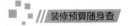

3.3.4 泥瓦施工预算表

编号	施工项目名称	主材及辅材	单位	工程量	单价/元				预算总价/元	备注说明
					主材	辅材	人工	合计		
1	线管开槽、粉槽	弹线、机械切割、灰尘清理、浇水湿润、成品砂浆粉刷	m	—	4~5	2~2.5	3~6	9~13.5	—	宽度3cm内，每增宽2.5cm增加人工费2元/m
2	混凝土墙顶面线管开槽、粉槽	弹线、机械切割、灰尘清理、浇水湿润、成品砂浆粉刷	m	—	4~5	2~2.5	7~10	13~17.5	—	宽度3cm内，每增宽2.5cm增加人工费4元/m
3	砌墙（一砖墙）	八五砖、P.O.32.5等级水泥、黄沙、工具、人工	m²	—	70~79	30~36	40~55	140~170	—	—
4	砌墙（半砖墙）	八五砖、P.O.32.5等级水泥、黄沙、工具、人工	m²	—	35~45	30~36	35~50	100~131	—	—
5	新砌墙体粉刷（单面）	P.O.32.5等级水泥、黄沙、2cm以内	m²	—	9.5~11.5	6~7	11.5~13.5	27~32	—	—

编号	施工项目名称	主材及辅材	单位	工程量	单价/元				预算总价/元	备注说明
					主材	辅材	人工	合计		
6	落水管砌封及粉刷	砖砌展开面积不大于40cm宽，成品砂浆、人工	根	—	36~42	45~50	74~88	155~180	—	大于40cm按一砖墙计算
7	水泥砂浆垫高找平（铺砖用此项）	P.O.32.5等级水泥、黄沙、人工、5cm以内	m²	—	17~21	0	10~15	27~36	—	每增高1cm，加材料费及人工费4元/m²
8	墙、地面砖铺贴（辅材及人工）	品牌瓷砖、P.O.32.5等级水泥、黄沙、人工	m²	—	0	22~28	26~35	48~63	—	斜贴、套色人工费另加20元/m²；小砖另计
9	瓷砖专用填缝剂	高级防霉彩色填缝剂、人工	m	—	4~6	0	2~4	6~10	—	—
10	墙面花砖（按选定的品牌、型号定价）	300mm×450mm砖	片	—	0	2~3	4~6	6~9	—	主材单价按品牌、型号定价
11	腰线砖	80mm×330mm砖（按选定的品牌、型号定价）	片	—	0	2~3	2~4	4~7	—	主材单价按品牌、型号定价

续表

编号	施工项目名称	主材及辅材	单位	工程量	单价／元				预算总价／元	备注说明
					主材	辅材	人工	合计		
12	墙砖倒角	机械切割、45°拼角、工具、人工	m	—	0	0	20~35	20~35	—	主材单价按品牌、型号定价
13	淋浴房挡水条	天然花岗石9cm×8cm（配套安装）	m	—	85~100	5~8	15~20	105~128	—	—

💡注意事项

① 线管开槽、粉槽，混凝土墙顶面线管开槽、粉槽两个施工项目属于水电施工内容，线管开槽只涉及人工费，但粉槽涉及主材费和辅材费。

② 砌墙分一砖墙和半砖墙，它们之间的区别是厚度不同。通常一砖墙厚度为240mm，半砖墙厚度为120mm。这两项辅材用料相同，主材用料一砖墙的较多，施工难度一砖墙的较大，因此一砖墙的主材和人工单价都要略高一些。

③ 墙体砌筑之后的表面裸露红砖，因此需要粉刷新砌墙体。此项目按照粉刷面积收费，且预算表中为单面墙粉刷价格，若双面墙粉刷需要将价格翻倍。

④ 落水管砌筑主要在卫生间、厨房和阳台，按照落水管根数收费。以卫生间为例，落水管通常为两根并排在一起，则砌封此处需要按照2根的单价计算。

3.4 水路施工内容及工价

3.4.1 水路施工内容

3.4.2 水工施工工价

　　水工在装修过程中所从事的施工项目基本是固定的，而且全部是局部的项目改造，主要围绕厨房、卫生间以及阳台等空间展开。若按照面积来计算水工工价并不能准确地体现出水工的施工价值，因此形成了水工工价特定的计算方式。具体施工工价如下表所示。

编号	施工项目	工价说明	图解说明
1	改主下水管道 （含拆墙）	200~300 元 / 个	主下水管道

编号	施工项目	工价说明	图解说明
2	改坐便器排污管（不含打孔）	100~150 元 / 个	坐便器排污管
3	改 50mm 管（如地漏、洗面盆）	50~85 元 / 个	洗面盆下水管
4	改 75mm 管	90~120 元 / 个	卫生间改管道
5	做防水（防水布）	300~650 元 / 项	防水布防水
6	做防水（防水涂料）	40~70 元 /m² （按展开面积计算）	防水涂料防水

♀注意事项

① 假设待施工的住宅内有两个卫生间、一个厨房、一个阳台。则水工施工（含人工和材料）的总价计算公式如下：

主下水管道单价 ×4（数量）+ 马桶排污管单价 ×2（数量）+50mm 管单价 ×9（数量）+75mm 管单价 ×3（数量）= 总价

② 施工技术人员的工价通常按照项目计算，如改主下水管道一根 × × 元（含拆墙）、改马桶排污管一根 × × 元（不含打孔）、改 50mm 管一根 × × 元、改 75mm 管一根 × × 元等，然后将所有项目的数量相加即可得出水路施工工价。

③ 防水涂料相较于防水布是更为先进的防水施工工艺，但价格上较后者要略高一些。

3.4.3 暖工施工工价

暖工主要负责将地暖管均匀地铺满每一处空间，并做好保温以及各种防护措施。具体施工工价如下表所示。

编号	施工项目	工价说明	图解说明
1	地暖施工	按套内面积计费。施工工价为 8~14 元 /m²	 铺设保温层

续表

编号	搬运项目	工价说明	图解说明
2	地暖施工	按地暖柱数计费。每柱地暖的施工工价为120~150元（每柱地暖管长度为50~80米）	铺设地暖管

💡注意事项

① 按照套内面积计算地暖施工工价并不是行业的通行标准，有很多施工人员会按照建筑面积收费，只是随着近几年住宅装修行业的高速发展，越来越多的地暖公司开始采用套内面积计费方式，这种计费方式才流行起来。

② 按照柱数计费是一种相对传统的计费方式。地暖柱数与住宅面积成正比，一般住宅面积越大，所需要的地暖柱数越多。

3.4.4 水路给水工程预算表

水路给水工程预算表主要涉及给水管排设、给水管、水管配件等内容。具体如下面的预算表所示。

编号	施工项目名称	主材及辅材	单位	工程量	单价/元				预算总价/元	备注说明
					主材	辅材	人工	合计		
1	给水管排设	水管 25mm×4.2mm、水管 32mm×5.4mm	m	—	21.8~37.9	0.6~0.8	6.5~6.8	28.9~45.5	—	—
2	弯头	25 型 45°弯头、25 型 90°弯头、32 型 90°弯头	个	—	7.6~13.2	0	4~4.5	11.6~17.7	—	—
3	正三通	25 型正三通、32 型正三通	个	—	8.5~16.5	0	4~4.2	12.5~20.7	—	—
4	过桥弯头	25 型过桥弯头	个	—	18~19.5	0	4.2~4.5	22.2~24	—	—
5	直接接头	25 型、32 型	个	—	3.8~8.2	0	4.2~4.6	8~12.8	—	—
6	内丝配件	内丝弯头 25×1/2 型、内丝直接 25×3/4 型、内丝三通 25×1/2×25 型	个	—	32~54	0	2.8~3	34.8~57	—	—
7	外丝配件	外丝弯头 25×1/2 型、外丝直接 25×1/2 型	个	—	39~44	0	2.8~3	41.8~47	—	—
8	热熔阀	热熔阀 25 型	个	—	93~96	0	5.3~5.8	98.3~101.8	—	—

续表

| 编号 | 施工项目名称 | 主材及辅材 | 单位 | 工程量 | 单价 / 元 | | | | 预算总价 / 元 | 备注说明 |
					主材	辅材	人工	合计		
9	冷热水软管及安装 30cm	30cm 不锈钢软管、生料带、增加部分按照 1.5 元/10cm 收费	根	—	8~9	0	3.1~3.3	11.1~12.3	—	—
10	角阀配件及安装	角阀 267（镀锌过滤网）、生料带、人工	个	—	28~31.5	0	5.2~5.4	33.2~36.9	—	—
11	快开阀配置及安装	快开阀、生料带、人工	个	—	66~68	0	7.2~7.4	73.2~75.2	—	—

注意事项

① 给水管排设是指将给水管按照开槽的线路铺设，并区分出冷热水管的位置，一般为左冷右热。给水管排设按照延长米计价，总价中包含主材、辅材和人工三部分。

② 弯头、正三通、直接接头、内丝配件、外丝配件等材料属于给水管配件，其价格因为型号的不同而略有差别。这类配件统一按照个数计价，即在实际施工中，使用了多少个配件，便收多少钱。

③ 角阀、快开阀、冷热水软管等主要用于热水器、速热器、洗面盆的连接。这类材料的主材单价较高，按照个数计价。

3.4.5 水路排水工程预算表

水路排水工程预算表主要涉及下水管排设、下水管、水管配件等内容。具体如下面的预算表所示。

编号	施工项目名称	主材及辅材	单位	工程量	单价/元				预算总价/元	备注说明
					主材	辅材	人工	合计		
1	下水管排设	110PVC管、75PVC管、50PVC管	m	—	16~27	4~5	8.2~10.3	28.2~42.3	—	—
2	三通	110三通、75三通、50三通	个	—	7~12	0	2.8~3	9.8~15	—	—
3	弯头90度	110弯头90度、75弯头90度、50弯头90度	个	—	6~9.6	0	2.8~3	8.8~12.6	—	—
4	弯头45度	110弯头45度、75弯头45度	个	—	7.9~9.6	0	2.8~3	10.7~12.6	—	—
5	束接	110束接、75束接、50束接	个	—	5~6	0	2.8~3	7.8~9	—	—
6	管卡	110管卡、75管卡、50管卡	个	—	4.2~4.6	0	2.8~3	7~7.6	—	—
7	P弯	50P弯	个	—	10~12	0	2.8~3	12.8~15	—	—

续表

编号	施工项目名称	主材及辅材	单位	工程量	单价/元				预算总价/元	备注说明
					主材	辅材	人工	合计		
8	S 弯	50S 弯	个	—	10~12	0	2.8~3	12.8~15	—	—
9	大小头	50×40 大小头	个	—	6~7	0	2.8~3	8.8~10	—	—

♀ 注意事项

① 排水管排设主要分布在卫生间和厨房，按照排水管的粗细分为 110mm、75mm、50mm 直径的管材。110mm 排水管主要用于坐便器排水，75mm 排水管主要用于排水管主管道，50mm 排水管主要用于地漏、洗面盆排水。排水管价格按米数计价，管材直径越大，价格越高。

② 三通、弯头、束接、管卡等配件主要用于两根或多根排水管的连接，例如 90 度角连接、45 度角连接等。这类配件按照个数收费，实际使用多少个，就收多少钱。

③ P 弯、S 弯主要用于洗面盆的连接，起到防臭、防异味的作用。例如，我们常常闻到卫生间有异味的原因，就是洗面盆没有接 P 弯或 S 弯，导致排水管的异味顺着管道飘进了卫生间。P 弯、S 弯按照个数计价，一般住宅中使用个数不会超过 4 个。

3.5 电路施工内容及工价

3.5.1 电路施工内容

```
                          电路施工
    ┌──────┬──────┬──────┬──────┬──────┬──────┬──────┐
  电路线管加工  电线加工  电路布管  穿线  电路检测、封槽  强、弱电箱安装  开关、插座安装
```

3.5.2 电工施工工价

电路施工涉及住宅的各处空间，从强电箱接引出各类规格的电线到客厅、卧室、卫生间等空间。具体施工工价如下表所示。

编号	施工项目	工价说明	图解说明
1	电路施工	按建筑面积计费。一线城市的电工工价一般为 38~45 元 /m²	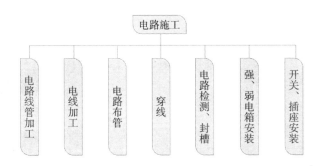标准电路施工（一）

续表

编号	施工项目	工价说明	图解说明
2	电路施工	按建筑面积计费。二线城市的电工工价约为 28~35 元 /m²	标准电路施工（二）
3	电路施工	按建筑面积计费。三四线城市的电工工价约为 10~15 元 /m²	标准电路施工（三）
4	电路施工	按建筑面积计费。五线城市的电工工价约为 8~13 元 /m²	标准电路施工（四）

💡注意事项

① 因地域、时间的不同，电工工价并没有完全统一的标准。地域上的区别主要体现在城市的规模和所在省份，如一线城市和三线城市的工价差别很大，而南方省份和北方省份因技术特点的不同，工价没有可比性。

② 时间上的变化对电工工价涨幅的影响更大。以 2019 年为例，单年的涨幅比例超过了 15%，每平方米的工价上涨了 2~3 元。了解以上存在的变量，可对计算电工工价有更好的帮助。

3.6 木工施工内容及工价

3.6.1 木工施工内容

3.6.2 木工吊顶施工工价

木工吊顶施工包括叠级顶、弧形顶、平顶等，施工工价因施工难易度的不同而有差别。具体施工工价如下表所示。

编号	施工项目	工价说明	图解说明
1	石膏板平面顶	$26\sim30$ 元 $/m^2$	石膏板平面顶
2	石膏板叠级顶（即凹凸顶）	$32\sim45$ 元 $/m^2$	石膏板叠级顶
3	石膏板弧形顶（即拱形顶）	$48\sim60$ 元 $/m^2$	石膏板弧形顶

续表

编号	施工项目	工价说明	图解说明
4	窗帘盒安制	16~20 元 /m	木作窗帘盒
5	暗光灯槽	15~18 元 /m	暗光灯槽

💡 注意事项

① 木工吊顶施工中，弧形顶施工工艺最复杂，其次是叠级顶，最后是平面顶。因此，在三种类型的吊顶中，弧形顶的人工费最高，平面顶的人工费最低。

② 石膏板吊顶中，所有带有凹凸变化的吊顶都属于叠级顶。例如我们常见到的暗光灯带吊顶，就属于一种典型的叠级顶。

③ 窗帘盒安制和暗光灯槽均按米数计费。一般情况下，暗光灯槽的工程量是窗帘盒安制的 2 倍以上。

④ 石膏板吊顶的工程量计算方式均按照展开面积计算。也就是说，凡是石膏板所覆盖到的地方，都要算进工程量中。

3.6.3　木工隔墙施工工价

　　木工隔墙施工包括木龙骨隔墙、轻钢龙骨隔墙、木作造型墙、封门头等。施工工价因施工难易度的不同而有差别。具体施工工价如下表所示。

编号	施工项目	工价说明	图解说明
1	木龙骨隔墙	40~55 元 /m^2	木龙骨隔墙
2	轻钢龙骨隔墙	36~48 元 /m^2	轻钢龙骨隔墙
3	木作造型墙（如电视背景墙、床头背景墙等）	85~120 元 /m^2	木作造型墙

续表

编号	施工项目	工价说明	图解说明
4	封门头	24~30 元 / 个	 封门头

♀注意事项

① 一些毛坯房中的门口高度不是标准的 2 米高，而是 2.2 米高，这时便需要木工制作门头，统一住宅所有门口的高度。封门头按个数计费，封几个门头，便收几个门头的价钱。

② 木作造型墙的人工费并没有统一的标准，一般情况下均由经验丰富的木工按项估算，从几百到上千元不等。但对于使用石膏板制作造型，并且不增加其他材料的情况，人工费则可按照平方米计费，费用大约是石膏板吊顶人工费的 2 倍。

③ 轻钢龙骨隔墙与木龙骨隔墙相比较，前者无论从施工难易度还是质量上来看，都要较后者好些。

④ 木龙骨隔墙的人工制作成本高、施工复杂，因此人工费比轻钢龙骨隔墙要略高一些。

3.6.4 木工柜体施工工价

木工柜体包括衣帽柜、鞋柜、酒柜、书柜等，因制作难易而有工价高低的差别。具体施工工价如下表所示。

编号	施工项目	工价说明	图解说明
1	衣帽柜	100~110 元 /m^2（不含柜门）	衣帽柜
2	酒柜	125~150 元 /m^2	酒柜
3	鞋柜	85~100 元 /m^2	鞋柜

续表

编号	施工项目	工价说明	图解说明
4	书柜	110~120 元 /m²	 书柜

💡注意事项

① 木工现场制作衣帽柜一般不包含柜门，若要求木工制作柜门，则每平方米需要增加20~50元，具体价格视柜门的复杂程度而定。

② 酒柜制作的工艺难度体现在藏酒格的制作上，施工耗时长、制作难度高，因此人工费较高。

③ 现场制作的鞋柜一般会包含简单的平板柜门，若想要增加柜门的造型，则要在上面的人工单价中另外支付柜门的费用。

④ 现场制作的书柜不含柜门的价格。书柜的样式可由业主自行制定，工人按照图纸施工。

⑤ 现场木作柜体的工程量均按展开面积计算，而不是投影面积。

3.6.5 木工预算报价表

编号	施工项目名称	主材及辅材	单位	工程量	单价/元				预算总价/元	备注说明
					主材	辅材	人工	合计		
1	集成吊顶	300mm × 300mm 铝扣板、轻钢龙骨、人工、辅料（配套安装）	m²	—	75~110	35~40	25~35	135~185	—	配灯具，暖风另计
2	吊顶卡口线条	收边线白色/银色	m	—	25~28	0	3~7	28~35	—	—
3	顶面吊饰（平面）	家装专用50轻钢龙骨、拉法基石膏板、局部木龙骨	m²	—	44~51	30~33	26~36	100~120	—	共享空间吊顶超出3m的，高空作业费加45元/m²
4	顶面吊饰（凹凸）按展开面积计算	家装专用50轻钢龙骨、拉法基石膏板、局部木龙骨	m²	—	52~62	38~42	35~41	125~145	—	共享空间吊顶超出3m的，高空作业费加45元/m²
5	顶面吊饰（拱形）按展开面积计算	家装专用50轻钢龙骨、拉法基石膏板、局部木龙骨	m²	—	58~62	42~45	48~57	148~164	—	共享空间吊顶超出3m的，高空作业费加45元/m²

续表

编号	施工项目名称	主材及辅材	单位	工程量	单价/元				预算总价/元	备注说明
					主材	辅材	人工	合计		
6	窗帘盒安制	细木工板基层、石膏板、工具、人工	m	—	26~28	8~9	16~18	50~55	—	—
7	暗光灯槽	木工板、木龙骨、石膏板、工具、人工	m	—	8~10	2~3	15~17	25~30	—	—
8	木地板铺设	面层铺设,含卡件、螺丝钉,木地板龙骨间距为22.75~25cm	m²	—	0	19~22	49~53	68~75	—	主材单价按品牌、型号定价
9	配套踢脚线	木地板配套踢脚线(配套安装)	m	—	25~27	0	4~6	29~33	—	根据具体木材品种定价
10	套装门	模压套装门、实木复合套装门、实木套装门(含五金、安装,按客户确认的具体型号定价)	套	—	980~3500	0	0	980~3500	—	根据具体型号定价(含五金配件)

093

编号	施工项目名称	主材及辅材	单位	工程量	单价/元				预算总价/元	备注说明
					主材	辅材	人工	合计		
11	门套安制（单面）	门套（按客户确认的具体型号定价）	m	—	70~84	0	10~16	80~100	—	超出10cm的部分按同比例递增
12	门套安制（双面）	门套（按客户确认的具体型号定价）	m	—	80~94	0	10~16	90~110	—	超出10cm的部分按同比例递增
13	成品推拉门	成品推拉门（按客户确认的型号定价，含安装费）	m²	—	384~762	0	0	384~762	—	厨房、卫生间、淋浴间等推拉门
14	花岗岩（大理石）窗台板	20cm以内	m	—	102~220	11~14	20~28	133~262	—	根据具体型号定价
15	花岗岩（大理石）窗台板	80cm以内	m	—	305~466	25~29	45~55	375~550	—	根据具体型号定价

注意事项

① 装饰吊顶收费分三个层级，按照由易到难的顺序排列分别是平顶、凹凸顶和拱形顶。在住宅装饰吊顶设计中，以凹凸顶最为常见，例如叠级顶、井格顶、灯槽顶等。装饰吊顶按照展开面积收费。以灯槽顶为例，灯槽处内凹的面积也要计入吊顶面积中。暗光灯槽和窗帘盒属于装饰吊顶的配套项目，按照米数收费。

② 厨房吊顶的材料有铝扣板和 PVC 扣板两种。这两种材料都有防水、防潮的优点。集成吊顶按照面积收费，主材是扣板，辅材是轻钢龙骨，人工是安装工价。价格由这三部分组成。

③ 木地板铺设对施工人员的技术要求较高，因此人工费单价较高；辅材费主要涉及木龙骨、螺丝钉、卡件等材料，单价较为便宜。

④ 卧室踢脚线通常采用和木地板同样材质、颜色的材料，被称为配套踢脚线，按照米数收费。客餐厅踢脚线与卧室踢脚线不同，需要采用和地砖配套的石材踢脚线，并按照米数收费。

⑤ 套装门按照材质分类共有三种，价格由低到高分别为模压门、实木复合门、实木门。套装门之所以被称为套装，是因为它不仅涵盖了门扇，同时包括门套、五金等配件。成品推拉门按照面积收费，每平方米的均价从几百至千元不等，通常由商家派人上门安装，且免安装费。门套安制是指为成品推拉门配置的门套。门套的材质、样式与套装门一致，以增加美观度。门套安制分为主材费和人工费两项，预算价格因单面和双面有少量的差别。

⑥ 窗台板分为普通窗台板和飘窗窗台板两种。其中，飘窗窗台板用料多、施工难度大，因此预算价格较高。

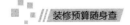
3.6.6 全屋定制柜材预算表

全屋定制目前多以柜体为主。柜材的预算项目以衣帽柜、整体橱柜、鞋柜、卫浴柜等家具柜体为中心，预算内容涉及衣柜移门、衣柜板材等主材，五金配件、卡件等辅材，以及安装工等工种的人工费。具体如下面的预算表所示。

编号	施工项目名称	主材及辅材	单位	工程量	单价/元				预算总价/元	备注说明
					主材	辅材	人工	合计		
1	定制衣帽柜	定制柜体板材、五金配件	m²	–	280~560	20~26	35~42	335~628	–	主材单价按品牌、型号、材质定价
2	定制衣柜移门	木质移门、玻璃移门、雕花移门	m²	–	350~700	0	0	350~700	–	主材单价按品牌、型号、材质定价
3	定制鞋柜	定制柜体板材、五金配件	m²	–	260~450	14~19	26~33	300~502	–	主材单价按品牌、型号、材质定价
4	定制酒柜	定制柜体板材、五金配件	m²	–	270~540	20~26	35~42	325~608	–	主材单价按品牌、型号、材质定价

续表

编号	施工项目名称	主材及辅材	单位	工程量	单价/元				预算总价/元	备注说明
					主材	辅材	人工	合计		
5	整体橱柜	地柜、大理石台面、吊柜、柜体五金	延米	—	1580~2470	0	0	1580~2470	—	主材单价按品牌、型号、材质定价
6	定制卫浴柜	定制柜体板材、五金配件	m²	—	260~450	14~19	26~33	300~502	—	主材单价按品牌、型号、材质定价

♀注意事项

① 对于全屋定制中的衣帽柜、鞋柜、酒柜等柜体,商家通常免运输费和安装费。在供应商提供的预算中,通常只列有柜体的每平方米总价,将安装费和辅材费汇入了主材费中。

② 全屋定制中的柜体移门单独按照面积收费,根据选用材质的不同(如玻璃、实木雕花、百叶门等),价格也有较大的浮动。

③ 整体橱柜按照延米收费。所谓延米是指立体的计量单位,而米则是平面的计量单位。每延米整体橱柜含有地柜、吊柜、台面和柜体五金等材料,因此每延米价格较高。

④ 全屋定制实际上不仅含有柜材,也可定制玄关、餐桌、床、沙发等木质家具。但此类材料市场价格浮动较大,不纳入预算表中。

 3.7 油漆工施工内容及工价

3.7.1 油漆工施工内容

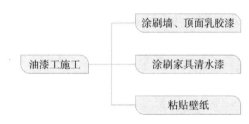

```
                    ┌──── 涂刷墙、顶面乳胶漆
                    │
油漆工施工 ──────────┼──── 涂刷家具清水漆
                    │
                    └──── 粘贴壁纸
```

3.7.2 油漆工施工工价

编号	施工项目	工价说明	图解说明
1	涂刷墙、顶面乳胶漆	17~22 元 /m²	涂刷顶面乳胶漆
2	涂刷家具清水漆	20~28 元 /m²	涂刷清水漆

续表

编号	施工项目	工价说明	图解说明
3	粘贴壁纸	5~10 元 /m²	 粘贴壁纸

♀注意事项

① 乳胶漆涂刷的人工费不会因为顶面涂刷难度高、墙面涂刷难度低而区别计费，它们的收费标准是一致的。

② 墙顶面乳胶漆的人工费包含了涂刷墙固、石膏粉、腻子粉以及乳胶漆等各个环节，也就是说，17~22 元 /m² 的人工费标准是"三底两面"，包含三遍底粉，两边面漆的涂刷施工。

③ 家具清水漆主要用于现场木作家具内部的油漆涂刷。若在住宅装修过程中，家具全部采用定制，而非现场木工制作，则不需要家具涂刷清水漆这个项目。

④ 壁纸粘贴人工费按照平方米收费，而非卷数（一卷壁纸面积约 5.3m²）。

3.7.3 油漆工程预算表

工程的预算项目以墙面漆、壁纸、柜体漆等为中心，预算内容涉及乳胶漆、壁纸、硅藻泥等主材，石膏粉、腻子粉等辅材，以及油漆工等工种的人工费。具体如下面的预算表所示。

编号	施工项目名称	主材及辅材	单位	工程量	单价/元				预算总价/元	备注说明
					主材	辅材	人工	合计		
1	墙、顶面乳胶漆	环保乳胶漆、现配环保腻子三批三度，专用底涂	m²	—	10~25	13~18	17~22	40~65	—	批涂加3元/m²，彩涂加5元/m²，喷涂加3元/m²
2	壁纸	壁纸、壁纸胶（含人工费）	m²	—	69~104	8~11	3~5	80~120	—	主材单价按品牌、型号、材质定价
3	硅藻泥	品牌硅藻泥	m²	—	180~340	0	0	180~340	—	根据不同花型、主材相应提高定价

续表

编号	施工项目名称	主材及辅材	单位	工程量	单价／元				预算总价／元	备注说明
					主材	辅材	人工	合计		
4	家具内部油漆（清水）	绿色环保型高耐黄木器漆两遍	m²	—	10~15	6~9	19~23	35~47	—	—

♡注意事项

① 乳胶漆的主材费、辅材费和人工费对比，人工费是最高的，这是因为涂刷乳胶漆的施工难度较大，工艺较为复杂。涂刷乳胶漆的重点一是漆材的环保性，二是施工人员的工艺水平。这两点会影响墙面完工后的呈现效果。

② 壁纸在供应商处通常按照卷数计价，但装修中则按照面积计价，一卷壁纸约有 5.3m²，也就是说一卷壁纸通常可以粘贴 5m² 左右的墙面。

③ 硅藻泥是一种环保型墙面材料，有多种的花型样式、颜色可选，花型的施工越复杂，相应的单价越高。所以在某些供应商处，硅藻泥只有主材费，没有辅材费和人工费，在选好硅藻泥型号后，供应商会安排工人免费涂刷。

④ 家具内部油漆涂刷是针对木工在施工现场制作的柜体。柜体内部涂刷清水漆后可增加柜体表面的光滑度。

 3.8 工程直接费、间接费预算表

工程直接费、间接费预算表主要以间接费的预算项目为核心，计算出间接费总价，再加上直接费得出预算总造价。具体如下面的预算表所示。

编号	施工项目名称	主材及辅材	单位	工程量	单价 / 元				预算总价 / 元	备注说明
					主材	辅材	人工	合计		
工程直接费										
1	直接费	材料费＋人工费							－	拆除工程、土建工程、水电工程、厨房、卫生间、阳台、客餐卧室、门及门窗套、全屋定制柜材、涂料壁纸工程的总和
工程间接费										
1	施工垃圾清运费	直接费×1.5%	项						－	搬运到物业指定位置（外运另计）

编号	施工项目名称	主材及辅材	单位	工程量	单价/元				预算总价/元	备注说明
					主材	辅材	人工	合计		
2	施工材料车运及上楼费	直接费 × 1%（每层加0.3%）	项						—	十楼以下有电梯使用的，每加一层加0.1%上楼费；十楼以上有电梯使用的，每加一层加0.05%上楼费
3	施工管理费	直接费×5%	项						—	施工管理费收费区间为5%~8%
4	室内环境卫生保洁费	专业保洁公司保洁：2.8元/m²（按建筑面积计）	m²	—				2.8	—	
5	室内空气环境治理监测费	按建筑面积计，省市室内环境治理监测中心，确保达标	m²	—				15~20	—	—
工程总价										
1	总造价	直接费 + 间接费							—	—

103

♀ **注意事项**

① 每个工种从进场施工到离场，都会在施工现场留下大量建筑垃圾。其中，拆除和土建工程的建筑垃圾最多。垃圾清运费是为了保证施工现场的干净和有序，并对已完成施工项目起到保护作用。

② 室内空气环境治理监测费除了按照建筑面积收费外，还有一种收费模式是计算监测点，即室内监测几个空间，便收几个监测点的价格。平均一个监测点的收费标准在 500~650 元不等。

③ 硅藻泥是一种环保型墙面材料，有多种的花型、样式、颜色可选。花型的施工越复杂，相应的单价越高。硅藻泥只有主材费，没有辅材费和人工费。商家选好硅藻泥型号后，会安排工人免费涂刷。

④ 工程总价是指住宅硬装需要花费的总价，即为了满足住宅的结构、布局、功能、美观需要，添加在建筑物表面或者内部的固定且无法移动的装饰物。一般情况下，硬装预算支出占住宅预算总支出一半以上，因此这部分的预算内容需要仔细了解。

第四章
装修辅材的市场价格

在装修预算表中，经常会在各个施工项目上罗列所需的装修辅材，其价格都不高，有些与人工费持平，而大部分的辅材价格都远低于主材价格。装修辅材大致包括五类，分别是水电类辅材、泥瓦类辅材、木作类辅材、漆类辅材、灯具类辅材以及五金配件类辅材。

 4.1 水电类辅材价格

　　水电类辅材是用于水电隐蔽工程铺设水路、连接电路的专用辅材，涉及的材料多且庞杂，但若将水电类辅材细化分类，掌握了水电类辅材中的核心辅材，其余的辅材配件也就容易掌握了。

4.1.1 给水管及配件市场价格

（1）PP-R 给水管

　　住宅装修常用的给水管为 PP-R 材质，学名为三型聚丙烯管，可以作为冷水管，也可作为热水管。通常热水管的管壁上有红色的细线，冷水管的管壁上有蓝色的细线。PP-R 管具有耐腐蚀、强度高、内壁光滑不结垢等特点，使用寿命可达 50 年，是目前家装市场中使用最多的管材。

PP-R 给水管

◰ 市场价格

　　PP-R 给水管 4 分管（直径 20mm）市价一般为 5~10 元 /m。
　　PP-R 给水管 6 分管（直径 25mm）市价一般为 7~12 元 /m。

◈ 材料说明

　　一根 PP-R 给水管的标准管长为 4m，根据管材直径大小不同分为 4 分管、6 分管等，管壁厚度有 2.3mm、2.8mm、3.5mm、4.4mm 等。

通常管壁越厚，价格越高。

📄 **用途说明**

 PP-R 给水管是用于住宅供水的专用管材，集中出现在厨房、卫生间、阳台等空间。

（2）PP-R 给水管直接

 PP-R 给水管直接是指可将两根 PP-R 给水管直线连接起来的配件，一般多用于直线长距离给水管的连接中。常见的种类包括直接接头、异径直接、过桥弯头、内丝直接、外丝直接等。

直接接头　　　　　　　　　异径直接　　　　　　　　　过桥弯头

📊 **市场价格**

 直接接头每个市价一般为 3~8 元。

 异径直接每个市价一般为 4~10 元。

 过桥弯头每个市价一般为 11~18 元。

◇ **材料说明**

 直接接头有四分直接、六分直接、一寸直接等。

 异径直接有六分变四分直接、一寸变六分直接、一寸变四分直接等。

 过桥弯头有四分过桥弯头、六分过桥弯头、一寸过桥弯头等。

📄 用途说明

直接接头用于连接两根等径的 PP-R 给水管，如两根 4 分（直径为 20mm）管的连接。

异径直接用于连接两根异径的 PP-R 给水管，如 4 分管和 6 分（直径为 25mm）管的连接。

过桥弯头用于十字交叉处的两根等径 PP-R 给水管的连接。

内丝直接　　　　　　　　　外丝直接

📠 市场价格

内丝直接每个市价一般为 31~38 元。

外丝直接每个市价一般为 38~44 元。

📚 材料说明

内丝直接有四分内丝直接、六分内丝直接、一寸内丝直接等。

外丝直接有四分外丝直接、六分外丝直接、一寸外丝直接等。

📄 用途说明

内丝直接和外丝直接用于给水管末端和阀门处的连接。内丝直接和外丝直接一段是塑料，一段是金属丝扣。塑料那段与 PP-R 给水管热熔连接，金属丝扣那段与金属件连接。

(3) PP-R 给水管弯头

PP-R 给水管弯头是指将两根 PP-R 给水管呈 90° 或 45° 的角度连接的配件，一般多用于给水管转角处，型号包括 90° 弯头、45° 弯头、活接内牙弯头、外丝弯头、内丝弯头和双联内丝弯头等多种配件。

90° 弯头

45° 弯头

活接内牙弯头

市场价格

90° 弯头每个市价一般为 5~13 元。

45° 弯头每个市价一般为 4~12 元。

活接内牙弯头每个市价一般为 19~28 元。

材料说明

90° 弯头有四分 90° 弯头、六分 90° 弯头、一寸 90° 弯头等。

45° 弯头有四分 45° 弯头、六分 45° 弯头、一寸 45° 弯头等。

活接内牙弯头一般为四分活接内牙弯头。

用途说明

90° 弯头和 45° 弯头用于给水管转弯处的连接，采用热熔方式将两根 PP-R 给水管连接到一起。

活接内牙弯头采用螺纹连接方式，与热熔连接的 90° 弯头和 45° 弯头相比，其具有便于拆卸和维修的优点。

109

外丝弯头　　　　　　内丝弯头　　　　　双联内丝弯头

市场价格

外丝弯头每个市价一般为 39~45 元。

内丝弯头每个市价一般为 32~39 元。

双联内丝弯头每个市价一般为 64~70 元。

材料说明

外丝弯头有四分外丝弯头、六分外丝弯头、一寸外丝弯头等。

内丝弯头有四分内丝弯头、六分内丝弯头、一寸内丝弯头等。

双联内丝弯头有四分双联内丝弯头、六分双联内丝弯头等。

用途说明

外丝弯头和内丝弯头是采用螺纹连接的方式将 PP-R 给水管末端和阀门连接到一起。

双联内丝弯头用于淋浴处冷热水管的连接。

（4）PP-R 给水管三通

PP-R 给水管三通是指将三根 PP-R 给水管呈直角连接在一起的配件，包括等径三通、异径三通、外丝三通和内丝三通等多种配件。

等径三通　　　　　　　　　　异径三通

市场价格

等径三通每个市价一般为 9~13 元。

异径三通每个市价一般为 15~23 元。

材料说明

等径三通有四分等径三通、六分等径三通、一寸等径三通等。

异径三通有六分变四分异径三通、一寸变四分异径三通、一寸变六分异径三通等。

用途说明

等径三通用于三根直径相同的 PP-R 给水管的连接。

异径三通用于两根直径相同、一根直径不同的 PP-R 给水管的连接。

外丝三通

内丝三通

市场价格

外丝三通每个市价一般为 45~59 元。

内丝三通每个市价一般为 38~44 元。

材料说明

外丝三通有四分外丝三通、六分外丝三通、一寸外丝三通等。

内丝三通有四分内丝三通、六分内丝三通、一寸内丝三通等。

用途说明

外丝三通和内丝三通用于 PP-R 给水管末端和阀门的连接，三通的两端为 PP-R 给水管，一端为阀门。

（5）阀门

阀门是用来开闭管路、控制流向、调节和控制输送水流的管路附件，也是水流输送系统中的控制部件，具有截止、调节、导流、防止逆流、稳压、分流或溢流泄压等功能。住宅装修中常见的阀门有冲洗阀、截止阀、三角阀以及球阀四种。

脚踏式冲洗阀   旋转式冲洗阀   按键式冲洗阀

📠 市场价格

脚踏式冲洗阀每个市价一般为 55~70 元。

旋转式冲洗阀每个市价一般为 33~52 元。

按键式冲洗阀每个市价一般为 65~87 元。

❖ 材料说明

三种类型的冲洗阀均为金属材质，进水口的型号有六分和一寸的选择。

📄 用途说明

冲洗阀主要用于卫生间蹲便器、小便器的水流闭合控制。

截止阀　　　　　三角阀　　　　　球阀

市场价格

截止阀每个市价一般为 19~30 元。

三角阀每个市价一般为 30~50 元。

球阀每个市价一般为 14~25 元。

材料说明

截止阀、三角阀和球阀均有纯金属材质、金属和塑料混合材质。一般来说，纯金属材质的阀门价格更高。

用途说明

截止阀是一种利用装在阀杆下的阀盘与阀体凸缘部分（阀座）的配合，达到关闭、开启目的的阀门，分为直流式、角式、标准式，还可分为上螺纹阀杆截止阀和下螺纹阀杆截止阀。

三角阀管道在三角阀处呈 90° 的拐角形状，三角阀起到转接内外出水口、调节水压的作用，还可作为控水开关。

球阀用一个中心开孔的球体作阀芯，旋转球体控制阀的开启与关闭来截断或接通管路中的介质，分为直通式、三通式及四通式等。

4.1.2 排水管及配件市场价格

（1）PVC 排水管

PVC 排水管的抗拉强度较高，有良好的抗老化性，使用年限可达 50 年。管道内壁的阻力系数很小，水流顺畅，不易堵塞。施工方面，管道、管件连接可采用粘接，施工方法简单，操作方便，安装效率高。

PVC 排水管

📇 市场价格

PVC 排水管市价一般为 9~22 元 /m。

◈ 材料说明

PVC 排水管每根的标准长度为 4m，住宅装修排水常用到的型号有 50 管（直径 50mm）、75 管（直径 75mm）、110 管（直径 110mm）三种。

📄 用途说明

PVC 排水管用于住宅装修中洗面盆、坐便器、洗菜槽等用水设备的排水管道。

115

（2）PVC排水管弯头

PVC排水管弯头是指将两根PVC排水管呈90°或45°连接在一起的配件，包括90°弯头、45°弯头、90°带检查口弯头和45°带检查口弯头等四种配件。

90°弯头　　　　90°带检查口弯头　　　　45°弯头　　　　45°带检查口弯头

市场价格

90°弯头每个市价一般为4~10元。

90°带检查口弯头每个市价一般为7~12元。

45°弯头每个市价一般为3~9元。

45°带检查口弯头每个市价一般为6~14元。

材料说明

四种类型PVC排水管弯头的常用型号有50弯头、75弯头、110弯头等。

用途说明

90°弯头和45°弯头用于地面PVC排水管的连接。

90°带检查口弯头和45°带检查口弯头用于墙面PVC排水管的连接，便于PVC排水管的维修。

（3）PVC 排水管三通

　　PVC 排水管三通是指将三根 PVC 排水管连接到一起的配件，包括 90° 三通、45° 斜三通和瓶型三通等。

90° 三通　　　　　　　45° 三通　　　　　　　瓶型三通

市场价格

　　90° 三通每个市价一般为 7~13 元。

　　45° 斜三通（包含异径 45° 斜三通）每个市价一般为 7~15 元。

　　瓶型三通每个市价一般为 13~19 元。

材料说明

　　90° 三通有 50 三通、75 三通、110 三通等型号。

　　45° 斜三通有等径斜三通、异径斜三通等型号。

　　瓶型三通有 50 瓶型三通、75 瓶型三通等型号。

用途说明

　　90° 三通和 45° 斜三通用于等径 PVC 排水管的连接。

　　异径 45° 斜三通和瓶形三通用于异径 PVC 排水管的连接。在实际使用过程中，45° 斜三通的实用价值更高，可有效防止排水管发生堵塞等情况。

（4）PVC 排水管存水弯

PVC 排水管存水弯是在卫生器具排水管上或卫生器具内部设置一定高度的水柱，防止排水管道系统中的气体窜入室内的附件，起到防臭的作用。PVC 排水管存水弯细分包括 P 形存水弯、S 形存水弯和 U 形存水弯等三种，有的存水弯上配置有检查口，便于维修。

P 形存水弯　　　　　　S 形存水弯　　　　　　U 形存水弯

市场价格

P 形存水弯每个市价一般为 10~22 元。

S 形存水弯每个市价一般为 10~25 元。

U 形存水弯每个市价一般为 9~20 元。

材料说明

三种类型的存水弯均有 50 存水弯、75 存水弯、110 存水弯等三种型号。在具体细节上，三种存水弯均有带检查口和不带检查口的型号。

用途说明

S 形存水弯用于与排水横管垂直连接的位置。

P 形存水弯用于与排水横管或排水立管水平直角连接的位置。

U 形存水弯用于两根排水管呈 45°夹角的位置。

4.1.3 电线及穿线管市场价格

（1）电线

住宅常用的电线主要为塑铜线，也就是塑料铜芯导线，全称为铜芯聚氯乙烯绝缘导线，简称为 BV 线。其中，字母 B 代表类别，属于布导线，所以开头用 B；V 代表绝缘，PVC 聚氯乙烯，也就是塑料，指外面的绝缘层。

塑铜线

市场价格

BV 塑铜线市价一般为 2~12 元 /m。

材料说明

BV 塑铜线每 100m 为一卷。住宅常用的塑铜线型号有 $1.5mm^2$、$2.5mm^2$、$4mm^2$、$6mm^2$、$10mm^2$。

用途说明

$1.5mm^2$ 塑铜线多用于灯具照明。

$2.5mm^2$ 塑铜线多用于普通插座。

$4mm^2$ 塑铜线多用于空调、热水器、厨房电器等大功率设备。

$6mm^2$ 塑铜线主要用于中央空调等超大功率设备。

$10mm^2$ 塑铜线主要用作住宅入户的电线。

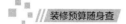

（2）网线

网线是连接电脑、路由器、电视盒子等家用终端设备的专用线，一般由金属或玻璃制成，可以用于网络内传递信息。常用的网线有三种，分别是双绞线、同轴电缆和光纤。

双绞线　　　　　　　同轴电缆　　　　　　　光纤

市场价格

双绞线市价一般为 1~4.5 元 /m。

同轴电缆市价一般为 0.6~3.2 元 /m。

光纤市价一般为 1.5~8 元 /m。

材料说明

在三种类型的网线中，光纤的传输效果最好，其次是双绞线，最后是同轴电缆。其中，双绞线又分为 5 类网线、超 5 类网线、6 类网线、超 6 类网线、7 类网线等。

用途说明

三种类型的网线均用于住宅装修中网络线路的连接。

（3）电视线

电视线是传输视频信号的电缆，同时也可作为监控系统的信号传输线。电视分辨率和画面清晰度与电视线有着较为密切的关系，电视线的线芯材质（纯铜或者铜包铝），以及外屏蔽层铜芯的绞数，都会对电视信号产生直接的影响。

电视线

市场价格

电视线市价一般为 1.2~6.5 元 /m。

材料说明

标准电视线一卷的长度为 100m。电视线的最外层为外护套塑料，里面是屏蔽网、发泡层，中心是铜芯线。

用途说明

电视线是住宅电视传输视频信号的专用线，可直接连接电视或电视盒子。

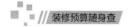
（4）电话线

电话线就是电话的进户线，连接到电话机上才能打电话，分为 2 芯和 4 芯。导体材料分为铜包钢线芯、铜包铝线芯以及全铜线芯三种。

铜包钢线芯　　　　　铜包铝线芯　　　　　全铜线芯

市场价格

电话线市价一般为 0.8~4.2 元 /m。

材料说明

铜包钢线芯比较硬，不适用于外部扯线，容易断芯，但是可埋在墙里使用，只能近距离使用。

铜包铝线芯比较软，容易断芯，可以埋在墙里，也可以墙外扯线。

全铜线芯比较软，可以埋在墙里，也可以墙外扯线，用于远距离传输使用。

用途说明

电话线是住宅座机电话的专用线。

（5）穿线管

穿线管全称"建筑用绝缘电工套管"。通俗地讲是一种硬质 PVC 胶管，是可防腐蚀、防漏电，穿导线用的管子。另外，穿线管另有一种作为辅助使用的螺纹管，具有柔软度高、防火、防漏电等特点。

穿线管   螺纹管

市场价格

穿线管市价一般为 1.2~2.8 元 /m。
螺纹管市价一般为 0.5~1.4 元 /m。

材料说明

穿线管为硬质 PVC 阻燃材质，每根穿线管的标准长度为 4m；螺纹管为软质 PVC 阻燃材质，一卷螺纹管的标准长度为 50m。

用途说明

穿线管和螺纹管均用于住宅电线的穿线。一般情况下，大面积平坦位置使用穿线管，局部穿线管不便铺设的位置使用螺纹管。

4.1.4 防水材料市场价格

（1）聚氨酯防水涂料

聚氨酯防水涂料是由异氰酸酯、聚醚等经加成聚合反应而成的含异氰酸酯基的预聚体，配以催化剂、无水助剂、无水填充剂、溶剂等，经混合等工序加工制成的单组分聚氨酯防水涂料。

聚氨酯防水涂料

市场价格

聚氨酯防水涂料每桶（涂刷面积 6~8m² ）市价一般为 280~570 元。

材料说明

聚氨酯防水涂料具有强度高、延伸率大、耐水性能好等特点。对基层变形的适应能力强。它与空气中的湿气接触后固化，在基层表面形成一层坚韧的无接缝整体防水膜。

用途说明

用于涂刷卫生间、厨房、阳台等墙地面的防水。

（2）聚合物水泥基防水涂料

聚合物水泥基防水涂料是由合成高分子聚合物乳液（如聚丙烯酸酯、聚醋酸乙烯酯、丁苯橡胶乳液）及各种添加剂优化组合而成的液料和配套的粉料（由特种水泥、级配砂组成）复合而成的双组分防水涂料，是一种弹性高、耐久性好的防水材料。

聚合物水泥基防水涂料

市场价格

聚合物水泥基防水涂料每桶（涂刷面积 6~8m²）市价一般为 200~400 元。

材料说明

聚合物水泥基防水涂料是柔性防水涂料，即涂膜防水。所谓涂膜防水，也就是 JS- 复合防水涂料。

用途说明

用于涂刷卫生间、厨房、阳台等墙地面的防水。

（3）K11 防水涂料

K11 防水涂料，由独特的、非常活跃的高分子聚合物粉剂及合成橡胶、合成苯烯酯等所组成的乳液共混体，加入基料和适量化学助剂及填充料，经塑炼、混炼、压延等工序加工而成的高分子防水材料。

K11 防水涂料

市场价格

K11 防水涂料每桶（涂刷面积 6~8m^2）市价一般为 250~450 元。

材料说明

K11 防水涂料可在潮湿基面上施工，即可直接粘贴瓷砖等后续工序；抗渗、抗压强度较高，具有负水面的防水功能；无毒、无害，可直接用于水池和鱼池；涂层具有抑制霉菌生长的作用，能防止潮气、盐分对饰面的污染。

用途说明

用于涂刷卫生间、厨房、阳台等墙地面的防水层。

（4）防水卷材

防水卷材是一种可卷曲的片状防水材料，有良好的耐水性和对温度变化的稳定性（高温下不流淌、不起泡、不滑动，低温下不脆裂），并且具有一定的机械强度、延伸性和抗断裂性，有一定的柔韧性和抗老化性等特点。

丙纶布防水卷材

市场价格

丙纶布防水卷材市价一般为 8.5~16 元 /m²。

材料说明

防水卷材具有施工方便、工期短、成型后无须养护、不受气温影响、环境污染小等特点。防水卷材空铺时能有效地克服基层应力，在基层发生较大裂缝时依然能保持防水层的整体性。

用途说明

用于卫生间、厨房、阳台等墙地面的防水层。

 ## 4.2 泥瓦类辅材价格

泥瓦类辅材是用于泥瓦工砌墙、铺砖等施工过程中的基础性材料。其中主要的辅材有水泥、沙子、砖材等。这类材料涉及的工程量较多，市场价格透明。

4.2.1 水泥市场价格

水泥是粉状水硬性无机胶凝材料，加水搅拌后成浆体，能在空气中硬化或者在水中硬化，并能把砂、石等材料牢固地胶结在一起。水泥是住宅装修中必不可少的一种泥瓦类辅材，可将地砖、墙砖、红砖等材料牢固地黏合在一起。

袋装水泥

市场价格

水泥每袋（50kg）市价一般为 150~350 元。

材料说明

水泥为粉状类材料，遇水后会迅速凝结，硬化后不但强度高，而且还能抵抗淡水或含盐水的侵蚀。

用途说明

水泥是用于砌砖墙、铺地砖、贴墙砖的黏合材料。

4.2.2　沙子市场价格

　　沙子主要包括河沙和海沙两种类型，但海沙含盐比较多，而盐对混凝土和钢筋都有腐蚀作用，不适合用在住宅装修中，所以在住宅装修中最为常见的沙子为河沙。

　　河沙是天然石在自然状态下，经水的作用力长时间反复冲撞、摩擦形成的，其成分较为复杂，表面有一定光滑性，

颗粒均匀的河沙

是杂质含量较多的非金属矿石。河沙颗粒圆滑，比较洁净，来源广。河沙经烘干、筛分后可广泛用于各种干粉砂浆。比如保温砂浆、粘接砂浆和抹面砂浆就是以水洗、烘干、分级河沙为主要骨料的。因此，河沙在装修方面有着不可替代的作用。

市场价格

　　河沙每立方米（1.3~1.6t）市价一般为 150~200 元。
　　筛选好的河沙价格比普通河沙要高出 1/3 左右。

材料说明

　　河沙的沙粒都是比较适中的，因此用在住宅装修施工中的效果比较好。

用途说明

　　河沙是用于砌砖墙、铺地砖、贴墙砖的黏合材料。

129

4.2.3 砖材市场价格

（1）红砖

红砖也叫黏土砖，表面呈红色，有时呈暗黑色。它是由黏土、页岩、煤矸石等为原料，经粉碎、混合后由人工或机械压制成型，再由高温炼制而成。

优质红砖

市场价格

红砖每块市价一般为 0.4~1 元。

材料说明

标准红砖尺寸为 240mm×115mm×53mm。

用途说明

红砖用于住宅装修中的隔墙砌筑。根据红砖的尺寸，砖砌墙分为 12 墙（120mm 厚）、24 墙（240mm 厚）和单坯墙（60mm 厚）三种类型。

（2）轻质砖

轻质砖也被称为发泡砖，是室内隔墙较多采用的砌墙砖。轻质砖可有效减小楼面负重，同时隔音效果又不错。轻质砖选用优质板状刚玉、莫来石为骨料，以硅线石复合为基质，另添特种添加剂和少量稀土氧化物混炼，经高压成型、高温烧成。

轻质砖砌筑的隔墙

市场价格

8cm 厚轻质砖（600mm×300mm×80mm）每块市价一般为3~5元。

10cm 厚轻质砖（600mm×300mm×100mm）每块市价一般为4~7元。

12cm 厚轻质砖（600mm×300mm×120mm）每块市价一般为5~8元。

20cm 厚轻质砖（600mm×300mm×200mm）每块市价一般为8~13元。

材料说明

住宅装修中常用轻质砖的标准尺寸为600mm×300mm×100mm。在施工方面，轻质砖具有良好的可加工性，施工方便简单，由于块大、质轻，可以减轻劳动强度，提高施工效率，缩短建设工期。

用途说明

轻质砖用于住宅装修中的隔墙砌筑。

 4.3 木作类辅材价格

木作类辅材是用于木工制作吊顶、柜体、墙面造型等施工过程中的基础性材料，其中主要有石膏板、细木工板、木龙骨、轻钢龙骨、铝扣板、PVC 扣板等材料。

4.3.1 板材类辅材市场价格

（1）石膏板

石膏板是以建筑石膏为主要原料制成的一种材料。它是一种重量轻、强度较高、厚度较薄、加工方便以及隔声、绝热和防火等性能较好的建筑材料，在住宅装修的吊顶施工中有着不可替代的作用。

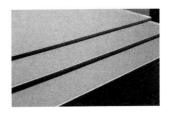

纸面石膏板

市场价格

纸面石膏板每张市价一般为 16~34 元。

材料说明

石膏板可细分为纸面石膏板、无纸面石膏板、装饰石膏板、纤维石膏板等。其中，住宅装修中多用纸面石膏板。

📄 用途说明

石膏板用于住宅装修中客厅、餐厅、卧室、书房等空间的吊顶，不适合用在卫生间、厨房等空间，因为这两处空间水汽较大，石膏板长期经水汽浸泡，会发生脱皮、变形等问题。

（2）细木工板

细木工板是在胶合板生产基础上，以木板条拼接或空心板作芯板，两面覆盖两层或多层胶合板，经胶压制成的一种特殊胶合板。细木工板的特点主要由芯板结构决定。

细木工板

📊 市场价格

细木工板每张市价一般为 150~200 元。

📑 材料说明

住宅装修只能使用 E1 级以上的细木工板。如果产品是 E2 级的细木工板，即使是合格产品，其甲醛含量也可能要超过 E1 级细木工板 3 倍以上，所以绝对不能用于住宅装修。

📄 用途说明

细木工板用于住宅装修中的墙面造型、柜子、隔墙以及吊顶等处。

（3）密度板

密度板全称为密度纤维板，是以木质纤维或其他植物纤维为原料，经纤维制备，施加合成树脂，在加热加压的条件下压制成的板材。

密度板

🖩 市场价格

密度板每张市价一般为 48~85 元。

⬦ 材料说明

密度板按其密度可分为高密度纤维板、中密度纤维板和低密度纤维板。密度板具有结构均匀、材质细密、性能稳定、耐冲击、易加工等特点。

📄 用途说明

用于住宅装修中的柜子、桌子、床等处。

（4）免漆生态板

免漆生态板是将带有不同颜色或纹理的纸放入生态板树脂胶黏剂中浸泡，然后干燥到一定固化程度，将其铺装在刨花板、防潮板、中密度纤维板、胶合板、细木工板或其他硬质纤维板表面，经热压而成的装饰板。

免漆生态板

市场价格

免漆生态板每张市价一般为 150~185 元。

材料说明

免漆生态板具有表面美观、施工方便、生态环保、耐划、耐磨等特点。免漆生态板由于不需要表面喷漆等二次工艺，因此被广泛地运用在板式家具制作中。

用途说明

免漆生态板用于住宅装修中的衣柜、橱柜、书桌以及卫浴柜等处。

（5）饰面板

饰面板全称为装饰单板贴面胶合板。它是将实木精密刨切成厚度为 0.2mm 左右的薄木皮，以胶合板为基材，经过胶粘工艺制作而成的具有单面装饰作用的装饰板材。

饰面板

市场价格

饰面板每张市价一般为 45~70 元。

材料说明

饰面板有人造薄木贴面与天然木质单板贴面的区别。前者的纹理基本为通直纹理，纹理图案有规则；而后者为天然木质花纹，纹理图案自然变异性比较大，无规则。

📄 用途说明

饰面板是用于住宅装修中各类柜体表面的装饰板材。

（6）指接板

指接板由多块木板拼接而成，上下不再粘压夹板。由于竖向木板间采用锯齿状接口，类似两手手指交叉对接，使得木材的强度和外观质量都获得增强和改进，故称指接板。

指接板

📇 市场价格

指接板每张市价一般为 130~210 元。

◈ 材料说明

指接板分为有节与无节两种，有节的存在疤眼，无节的不存在疤眼，较为美观，表面不用再贴饰面板。另外，指接板分为明齿和暗齿，暗齿最好，因为明齿在上漆后较容易出现不平现象。当然，暗齿的加工难度要大些。木质越硬的指接板越好，因为它的变形要小得多，且花纹也会美观些。

📄 用途说明

指接板用于住宅装修中的墙面造型、柜子、桌子等处。

（7）胶合板

胶合板是由木段旋切成单板或由木方刨切成薄木，再用胶黏剂胶合而成的三层或多层的板状材料，通常用奇数层单板，并使相邻层单板的纤维方向互相垂直胶合而成。

胶合板

市场价格

胶合板每张市价一般为 40~75 元。

材料说明

胶合板与其他板材的尺寸一致，长宽规格为 1220mm×2440mm。胶合板的厚度规格一般有 3mm、5mm、9mm、12mm、15mm、18mm 等。主要树种有榉木、山樟、柳桉、杨木、桉木等。

用途说明

胶合板用于住宅装修中的柜子、桌子等处。

（8）刨花板

刨花板也叫颗粒板，是将各种枝芽、小径木、速生木材、木屑等切削成一定规格的碎片，经过干燥，拌以胶料、硬化剂、防水剂等，在一定的温度压力下压制成的一种人造板。

刨花板

市场价格

刨花板每张市价一般为 80~160 元。

材料说明

刨花板按产品分为低密度、中密度、高密度三种，其厚度规格较多，从 1.6mm 到 75mm 不等，以 19mm 为标准厚度。

用途说明

用于住宅装修中的墙面造型基层、橱柜内柜、楼梯踏脚板等处。

（9）实木板

实木板就是采用完整的木材（原木）制成的木板材。实木板板材坚固耐用、纹路自然，大都具有天然木材特有的芳香，具有较好的吸湿性和透气性，有益于人体健康，不造成环境污染，是制作高档家具、住宅装修的优质板材。

实木板

市场价格

实木板（纯实木）每张市价一般为 600~850 元。

实木板（拼接）每张市价一般为 190~370 元。

材料说明

实木板分纯实木和拼接两种。纯实木是指板材由一整张实木制成，拼接是指板材由多块实木拼成。

用途说明

实木板用于住宅装修中的墙面造型、墙裙等处。

4.3.2　龙骨类辅材市场价格

（1）木龙骨

木龙骨俗称木方，主要是由松木、椴木、杉木等木材经过烘干刨光加工成截面长方形或正方形的木条，是住宅装修中最为常用的骨架材料。

木龙骨

市场价格

木龙骨每根（3.8m 长）市价一般为 6~10 元。

139

⊗ 材料说明

木龙骨是住宅装修中常用的一种材料，有多种型号，用于撑起外面的装饰板，起支架作用。天花吊顶的木龙骨一般以樟子松、白松木龙骨较多。

📄 用途说明

木龙骨用于住宅装修中的吊顶、隔墙等处。

（2）轻钢龙骨

轻钢龙骨是一种新型的建筑材料，具有重量轻、强度高、防水、防震、防尘、隔声、吸声、恒温等特点，同时便于施工，可缩短施工工期。

轻钢龙骨

📑 市场价格

轻钢龙骨市价一般为 2.4~5.5 元 /m。

◈ 材料说明

　　轻钢龙骨每根长度不固定，住宅装修中一般选用 3m 一根的。轻钢龙骨按断面形式可分为 V 型、C 型、T 型、L 型、U 型。

▤ 用途说明

　　轻钢龙骨用于住宅装修中的吊顶、隔墙等处。

4.3.3　石膏类辅材市场价格

（1）石膏线

　　石膏线是以建筑石膏为原材料制成的一种装饰线条，具有防火、防潮、保温、隔声等功能。石膏线根据模具及制作工艺的不同，可制作出各种花型、造型的石膏线条，既可表现出欧式风，又可呈现出简约与大气。

多种样式的石膏线

▥ 市场价格

　　石膏线市价一般为 2~7 元 /m。

◈ 材料说明

　　每根石膏线的标准长度为 2.5m，宽度一般为 80~150mm。石膏线的价格受款式、花型的影响较大，一般宽度越大、花型越复杂的石膏线，市场售价越高。

📄 **用途说明**

石膏线用于住宅装修中的吊顶、墙面造型等阴角处。

（2）实木线

实木线是指以整根实木为原材料，经过切割、雕花等工艺制作而成的装饰线条。一般在实木线条制作完成后，表面喷涂清漆或混油漆，具有高档、奢华的装修效果。

实木线

📊 **市场价格**

实木线市价一般为 10~18 元 /m。

📚 **材料说明**

实木线多采用高密度硬质木材为原料，因此具有较高的硬度、耐磨度，装在柜子或墙体表面，不怕磕碰。

📄 **用途说明**

实木线用于住宅装修中的吊顶、墙面造型等阴角处，以及柜体、桌子等边角处。

（3）石膏雕花

石膏雕花是以建筑石膏为原料制作成的具有固定形状的墙顶面装饰材料。其中常见的石膏雕花有圆形、花形等多种形状，因其样式繁复精美，常被设计在欧式、美式等家居风格中。

多种样式的石膏雕花

市场价格

石膏雕花每块市价一般为 60~180 元。

材料说明

石膏雕花样式丰富，造型精美，并可根据住宅实际情况进行定制，但一般定制的石膏雕花价格要高出 3 倍。

用途说明

石膏雕花用于住宅装修中的吊顶、墙面造型等处。

 # 4.4 漆类辅材价格

漆类辅材是用于室内墙面粉刷、木制家具粉刷等施工中的基础性材料，以墙面漆为例，在涂刷乳胶漆之前，需要对粗糙的墙体进行处理，经过涂刷墙固、石膏粉找平、腻子粉打磨等工序，才能正式涂刷乳胶漆。漆类辅材的种类以及市价并不复杂，这主要是因为辅材的品牌并不繁杂，材料也较为透明的缘故。

4.4.1 墙面漆类辅材市场价格

（1）墙固

墙固是一种墙面固化剂，属于绿色环保、高性能的界面处理材料。墙固具有优异的渗透性，能充分浸润墙体表面，使混凝土墙体密实，提高光滑界面的附着力。

桶装墙固

市场价格

墙固每桶（18kg）市价一般为 125~170 元。

材料说明

墙固多为彩色，涂刷在墙体表面，可起到固化混凝土墙体硬度的作用。较为明显的效果是，可减少墙面裂缝、脱皮等情况。

用途说明

用于住宅装修中墙面、地面的固化涂刷。在石膏粉、腻子粉之前涂刷。

（2）石膏粉

石膏粉是五大凝胶材料之一，通常为白色、无色。无色透明的晶体称为透石膏，有时因含杂质而呈灰、浅黄、浅褐等颜色。石膏粉对墙体有良好的黏结作用，因此被广泛运用在室内装修中。

袋装石膏粉

🖩 市场价格

石膏粉每袋（20kg）市价一般为 35~65 元。

⊗ 材料说明

石膏粉的黏结性好，不易产生脱落现象，但并不适合直接涂刷在墙体表面，里面需要加入滑石粉，以增加施工的便捷度。

📄 用途说明

石膏粉一般用来做基层处理，比如填平缝隙、阴阳角调直、毛坯房墙面第一遍找平等。

（3）腻子粉

腻子粉分为内墙和外墙两种，住宅装修所使用的腻子粉属于内墙腻子粉。内墙腻子粉综合指数较好，健康环保，因此涂刷在室内不会造成环境污染。

袋装腻子粉

🖩 市场价格

腻子粉每袋（20kg）市价一般为 15~45 元。

材料说明

腻子粉的主要成分是滑石粉和胶水，整体呈白色。通常质量较好的腻子粉白度在 90 以上，细度在 330 以上。

用途说明

腻子粉是用来修补、找平墙面的一种核心材料，一般墙面越粗糙，腻子粉的附着力越大。在腻子粉施工处理完成后，即可在表面涂刷乳胶漆，或粘贴壁纸。

4.4.2　木器漆类辅材市场价格

（1）清漆

清漆是一种由硝化棉、醇酸树脂、增塑剂及有机溶剂调制而成的透明漆，属挥发性油漆，具有干燥快、光泽柔和等特点。同时，清漆分为高光、半亚光和亚光三种，可根据需要选用。

清漆涂刷效果

市场价格

清漆市价一般为 38~98 元 /L。

材料说明

清漆的成膜速度很快，流平性很好，因此出现了漆泪也不要紧，再刷一遍，漆泪就可以重新溶解，家具涂刷之后的光泽度很好。

📄 **用途说明**

清漆用于木制柜体内部及原木色家具表面的涂刷。

（2）色漆

色漆的颜色多样，既可涂刷成蓝、白等纯色，也可涂刷成各类木纹样式，因此色漆的色彩和光泽具有独特的装饰性能。色漆与清漆相比，其附着力更强、硬度更大，因此具有耐久、耐磨、耐水、耐高温等优异性能。

色漆涂刷效果

📑 **市场价格**

色漆市价一般为 46~100 元 / L。

🍃 **材料说明**

色漆的主要功能是着色、遮盖与装饰，有多种颜色和纹理可供选择。另外，色漆具有浓厚的味道，家具涂刷后，需要开窗通风晾晒一段时间。

📄 **用途说明**

色漆用于木制柜体的柜门、木制家具、地中海风格家具表面的涂刷。

 4.5 灯具类辅材价格

筒灯、灯带等是用于室内吊顶中的辅助照明灯具,通常嵌入吊顶内部,仅露出光源的位置;开关插座是用于控制灯具明暗的工具,通常安装在墙面距地 1.2~1.25m 的位置。灯具辅材的价格高低主要受照明质量和品牌的影响,但并不意味着品牌越有名,筒灯质量越好;相反,不同的品牌擅长的灯具种类不同。例如,一些生产吊灯、吸顶灯等装饰灯具的厂家,生产的筒灯、射灯、灯带的质量并不一定优异。

4.5.1 灯具类辅材市场价格

(1)筒灯

筒灯是一种嵌入天花板内光线下射式的照明灯具。这种嵌装于天花板内部的隐置性灯具,所有光线都向下投射,属于直接配光,可以用不同的反射器、镜片、百叶窗、灯泡来取得不同的光线效果。

筒灯

市场价格

筒灯每个市价一般为 6~45 元。

材料说明

筒灯不占据空间，可增加空间的柔和气氛，如果想营造温馨的感觉，可试着装设多盏筒灯，减轻空间压迫感。

用途说明

筒灯是用于住宅客厅、餐厅、卧室、书房、卫生间、厨房等空间的照明光源。

（2）射灯

射灯是典型的无主灯、无定规模的现代流派照明，能营造室内照明气氛。若将一排小射灯组合起来，光线能变幻出奇妙的图案。由于小射灯可自由变换角度，组合照明的效果也千变万化。射灯光线柔和，雍容华贵，也可用于局部采光，烘托气氛。

射灯

市场价格

射灯每个市价一般为 12~75 元。

材料说明

射灯可安装在吊顶四周或家具上部、墙内、墙裙或踢脚线里。光线直接照射在需要强调的家具器物上，以突出主观审美作用，达到重点突出、环境独特、层次丰富、气氛浓郁、缤纷多彩的艺术效果。

📄 **用途说明**

射灯是用于住宅客厅、餐厅、卧室、书房、卫生间、厨房等空间的照明光源。

（3）灯带

灯带是一种由柔性 LED 灯条制作而成的条状照明灯具，通常嵌入吊顶的边角凹槽内。由于灯带的照明效果微弱，灯光渲染氛围优异，因此不能像筒灯一样充当照明光源使用，其更适合作为氛围光源，设计在各处空间中。

灯带

📊 **市场价格**

灯带市价一般为 6~25 元 /m。

📚 **材料说明**

灯带使用的 FPC 材质较为柔软，可以任意弯曲、折叠、卷绕，可在三维空间随意移动及伸缩而折断；它适合于不规则的吊顶和空间狭小的吊顶，也因其可以任意弯曲和卷绕，适合于在墙面造型中任意组合成各种图案。

📄 **用途说明**

灯带是用于住宅客厅、餐厅、卧室、书房、卫生间、厨房等空间的照明光源。

（4）轨道灯

轨道灯是安装在一个类似轨道上面的灯，可以任意调节照射角度，可以随意调节轨道灯之间的距离。轨道灯上安装的灯具一般为射灯，因为射灯的照明集中度高，且有精致的光斑，可以照射在需要重点照明的地方。

轨道灯

市场价格

轨道灯（含 3~6 个射灯）市价一般为 80~150 元 /m。

材料说明

轨道灯的轨道内部含有电压输入，在轨道内部的两侧含有导电金属条，而轨道灯的接头处有可旋转的导电铜片。在安装时，轨道灯上面的导电铜片接触到轨道内部的导电金属条，就可实现轨道灯通电，即可点亮轨道灯。

用途说明

轨道灯是用于住宅客厅、餐厅，商业商场、柜台、会所等空间的照明光源。

（5）斗胆灯

斗胆灯也就是格栅射灯。之所以人们称其为"斗胆"，是因为灯具内胆使用的光源外形类似"斗"状。斗胆灯的照明效果优秀，在现代、

简约等风格的家居中，常会代替吊灯、吸顶灯作为客厅、餐厅的主照明光源。

斗胆灯

市场价格

斗胆灯（含2~3个射灯）每个市价一般为90~180元。

材料说明

斗胆灯面板采用优质铝合金型材，经喷涂处理，呈闪光银色，防锈、防腐蚀。

用途说明

斗胆灯是用于住宅客厅、餐厅、卧室、书房、卫生间、厨房等空间的照明光源。

4.5.2 开关插座市场价格

（1）开关

开关是一个可以使电路开路，使电流中断或使其流到其他电路的电子元件。随着技术的迭代与进步，开关发展出了多种不同类型，其中包括普通开关、触摸开关、延时开关和感应开关等。

普通开关

触摸开关

延时开关

感应开关

市场价格

普通开关每个市价一般为 6~50 元。

触摸开关每个市价一般为 60~120 元。

延时开关每个市价一般为 10~55 元。

感应开关每个市价一般为 30~100 元。

材料说明

普通开关包括单开单控、单开双控、双开双控、多开多控等多种类型。

触摸开关是指触摸屏开关，可将灯光、空调、智能窗帘等集合在其中。

延时开关是指触摸延时开关，按下按钮后，灯光会延长一段时间后自动关闭。

感应开关包括声控感应和光学感应两种。也就是说，我们既可以通过声音控制开关的闭合，也可以通过红外感应器控制开关自动闭合。

用途说明

开关用于住宅客厅、餐厅、卧室、书房、卫生间、厨房等需要灯光照明的空间。

153

（2）插座

插座是指有一个或一个以上电路接线可插入的排座，通过它可插入各种接线。插座通过线路与铜件之间的连接与断开，来达到该部分电路的接通与断开。住宅装修中常用的插座包括五孔插座、九孔插座以及带开关插座等。

五孔插座

九孔插座

带开关插座

市场价格

五孔插座每个市价一般为 10~45 元。

九孔插座每个市价一般为 35~80 元。

带开关插座每个市价一般为 15~60 元。

材料说明

插座多以塑料材质为主，少数高档的插座会采用金属材质。五孔插座与九孔插座的内部结构基本一致，带开关插座内部带有闭合装置，通过开合开关，实现电路的断开与流通。

用途说明

五孔插座多用在床头柜、角几或零散用电位置。

九孔插座多用在电视、电脑等用电设备集中的位置。

带开关插座多用在厨房、卫生间等水汽多或大功率设备的位置。

4.6 五金配件类辅材价格

五金配件是用于室内门窗、柜体、卫浴等处的辅材，它们属于消耗品。也就是说，日常使用会对五金件造成较大的消耗，致使五金配件经常出问题，影响门窗、柜体的正常使用。

4.6.1 门窗五金配件市场价格

（1）门锁

住宅装修中门锁使用的位置分布在入户防盗门、卧室门、玻璃推拉门等处，这就要求门锁具备安全性、简易型以及便于操作。门锁一般分为四类，分别是普通门锁、智能门锁、球形门锁以及玻璃门锁。

普通门锁　　　　智能门锁　　　　球形门锁　　　　　　玻璃门锁

市场价格

普通门锁每个市价一般为 100~300 元。

智能门锁每个市价一般为 300~2000 元。

球形门锁每个市价一般为 15~75 元。

玻璃门锁每个市价一般为 40~130 元。

◈ 材料说明

普通门锁的锁芯安全性高，整体呈金属材质。

智能门锁内部含有电子元件以及指纹识别系统，增加了门锁使用的便捷性和安全性。

球形门锁的制作工艺相对简单，造价低，具有较高的性价比。

玻璃门锁可固定在透明玻璃上，作为安全门锁使用。

◈ 用途说明

普通门锁和智能门锁主要用于入户防盗门，而球形门锁和玻璃门锁则主要用于室内卧室门与玻璃推拉门。

（2）把手

把手分为门把手和窗把手，通常门把手多为金属材质，造型精美，样式可选择性多；窗把手多为塑料材质，和窗户材质的统一性高，使用方便。

门把手   窗把手

◈ 市场价格

门把手每个市价一般为 25~80 元。

窗把手每个市价一般为 10~65 元。

◈ 材料说明

门把手以金属材质为主，也有少数木材质和塑料材质的。门把手造型多样，一般工艺越复杂的，市价越高。

窗把手以简单实用为主，鲜有花哨的外形设计，多以塑料材质为主。

📄 用途说明

门把手用于室内套装门、推拉门等处；窗把手用于塑钢窗、铝合金窗等处。

（3）合页

合页是一对金属片，一片用来固定门窗框，一片用来固定门窗扇，安装好之后让门窗框和门窗扇固定在相对的位置上，并且能够灵活转动。

门合页   窗合页

🗺 市场价格

门窗合页每副市价一般为 7~15 元。

◈ 材料说明

合页常用的材质有铜、铁和不锈钢。三种材质中，以不锈钢的强度最高，其不会像铜质合页发生变色的问题，也不会像铁质合页长时间使用之后会生锈。

📄 **用途说明**

合页用于室内套装门和塑钢窗的连接。

（4）门吸

门吸俗称门碰，是一种门扇打开后吸住定位的装置，以防止风吹或碰触而导致门扇关闭。门吸分为永磁门吸和电磁门吸两种。永磁门吸一般用在普通门中，只能手动控制；电磁门吸用于防火门等电控门窗设备，兼有手动控制和自动控制功能。

永磁门吸　　　　　　　电磁门吸

🔖 **市场价格**

永磁门吸每个市价一般为 25~50 元。

电磁门吸每个市价一般为 60~140 元。

◈ **材料说明**

永磁门吸分为地装式和墙装式两种。两者相比较，墙装式更节省空间，但前提条件是门扇开启后贴近墙面，才可安装墙装式永磁门吸。

电磁门吸具有火灾时自动关闭功能，实现了"断电关门"。

📄 **用途说明**

门吸是用于固定套装门门扇的装置。

（5）滑撑

滑撑多为不锈钢材质，是一种用于连接窗扇和窗框，使窗户能够开启和关闭的连杆式活动连接装置。

窗户滑撑

市场价格

滑撑每个市价一般为 10~35 元。

材料说明

滑撑一般包括滑轨、滑块、托臂、长悬臂、短悬臂、斜悬臂。其中滑块装于滑轨上，长悬臂铰接于滑轨与托臂之间，短悬臂铰接于滑块与托臂之间，斜悬臂铰接于滑块与长悬臂之间。

用途说明

滑撑是用于固定塑钢窗窗扇的装置。

4.6.2 柜体五金配件市场价格

（1）三合一连接件

三合一连接件主要用于板式家具的连接，例如板式家具板与板之间的垂直连接。三合一连接件也可以实现两板的水平连接。

三合一连接件

市场价格

三合一连接件每套（20 件）市价一般为 8~14 元。

⬡ 材料说明

三合一连接件由三部分组成：三合一相当于传统木工里的钉子和槽榫结构，分别是偏心头（又名偏心螺母、偏心轮、偏心件等）、连接杆（螺栓）、预埋螺母（塑料的涨栓，俗称塑胶粒）三部分。

📄 用途说明

三合一连接件用于以中密度板、高密度板、刨花板为材质的板式家具的连接。

（2）铰链

铰链是一种高级合页，相比较普通合页，铰链可以更好地控制柜体的开合。它具有一定的缓冲作用，可减少柜门关闭时与柜体碰撞产生的噪声。

铰链

📠 市场价格

铰链每个市价一般为 2.5~7 元。

⬡ 材料说明

柜体常用的铰链分为大弯、中弯、直弯三种。当柜门与侧板齐平时，选择大弯；当柜门只盖住一半侧板时，选择中弯；当柜门全盖住侧板时，选择直弯。

📄 用途说明

铰链用于柜门和柜体的转动连接处。

（3）抽屉滑轨

滑轨又称导轨、滑道，是固定在家具的柜体上，供家具的抽屉或柜板出入活动的五金连接部件。滑轨适用于橱柜、家具、公文柜、浴室柜等木制与钢制等家具的抽屉连接。

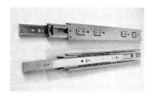

抽屉滑轨

市场价格

滑轨每组市价一般为 14~80 元。

材料说明

滑轨常见的有滚轮式、钢珠式、齿轮式三种。其中，齿轮式较为高档，价格也高；滚轮式与钢珠式相比较，钢珠式的承重效果要更好一些。

用途说明

抽屉滑轨用于抽屉的安装与滑动。

（4）拉篮

拉篮具有防水、防潮等特点，因此常用在橱柜中，作为放置餐具的空间。橱柜中常用的功能拉篮有调料拉篮、碗碟篮、锅篮、转角拉篮、高身拉篮等。

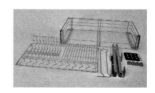

橱柜拉篮

161

拉篮每套市价一般为 180~340 元。

材料说明

拉篮按材质分为铁镀铬拉篮、不锈钢拉篮、铝合金拉篮等，其中性价比较高的为不锈钢拉篮。

用途说明

拉篮用于橱柜内放置餐具。

4.6.3　卫浴五金配件市场价格

（1）淋浴花洒

淋浴花洒是用在卫生间淋浴房内的淋浴装置，包括顶喷、手持花洒和下水三部分。其中顶喷的下水量很足，淋浴的效果很好；手持花洒可以握在手中随意冲淋；下水主要用于集中接水，例如往桶内注满水等。

淋浴花洒

市场价格

淋浴花洒每套市价一般为 218~480 元。

材料说明

淋浴花洒以不锈钢材质为主，少数定位高端的淋浴花洒采用全铜材质。铜材质相比较不锈钢材质的淋浴花洒，其电镀层更厚，结实耐用，且造型多样。

📄 用途说明

淋浴花洒用在卫生间内的淋浴房里，用于洗澡淋浴。

（2）水龙头

水龙头是水阀的通俗称谓，是用来控制水流大小的开关，有节水的功能。安装在卫浴空间的水龙头，通常接有冷热水，利用开关控制水流的温度。

水龙头

🔲 市场价格

水龙头每个市价一般为 45~150 元。

❀ 材料说明

水龙头按结构来分，可分为单联式、双联式和三联式等几种类型：单联式可接冷水管或热水管；双联式可同时接冷热两根水管，多用于浴室面盆以及有热水供应的厨房洗菜盆的水龙头；三联式除接冷热水两根水管外，还可以接淋浴喷头，主要用于浴缸的水龙头。

📄 用途说明

水龙头用于卫生间的洗面盆、浴缸、洗衣池等处。

（3）置物架

卫浴空间的置物架种类很多，其中包括浴巾架、毛巾架、纸巾架、杯架等，主要用来放置一些卫浴用品。置物架通常采用金属材质，因为其具有防水、防潮等功能。

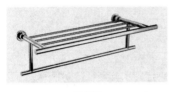 

浴巾架 　　　　　　　　　纸巾架 　　　　　　　　杯架

市场价格

浴巾架每个市价一般为 25~70 元。

纸巾架每个市价一般为 15~45 元。

杯架每个市价一般为 15~30 元。

材料说明

卫浴置物架以不锈钢材质为主，即使长期经水浸泡也不会生锈，且不锈钢材质的售价较低，更为实用。

用途说明

置物架用于卫生间的洗手台、坐便器等卫浴洁具附近。

5

第五章
装修主材的市场价格

　　主材是住宅装修中非常重要的部分。地砖、木地板、墙面漆、套装门、壁纸、中央空调等都属于主材的范畴。如果主材选购不好，不仅会影响住宅装修完成后的设计效果，更会影响居住者的身体健康。

 5.1 石材价格

　　瓷砖和大理石的种类多样，花色繁多，可选择空间较大，市场售价也是高低不等。在选购瓷砖和大理石时，考虑到材料的铺贴面积较大，应当优先考虑质量，然后考虑售价，避免因材料损坏更换而产生额外的费用。

5.1.1 瓷砖市场价格

（1）通体砖

　　通体砖是将岩石碎屑经过高压压制以后再烧制成的，吸水率比较低，耐磨性好。它的表面不上釉，正面与反面的材质和色泽是一样的。在各类瓷砖中，通体砖是性价比较高的一种瓷砖。

色彩多样的通体砖

市场价格

　　通体砖市价一般为 35~90 元 /m²。

材料说明

　　通体砖可选择的颜色较多，但花纹样式比较单一，纹路几乎都是纵向规则的花纹。另外，通体砖易脏，清洁起来比较麻烦。

用途说明

　　因其防滑性较好，通体砖适合用于卫生间、厨房、阳台等空间。

（2）抛光砖

抛光砖是以通体砖为基础，在其胚体的表面重复打磨而形成的一种光亮度较高的瓷砖。相对于通体砖而言，抛光砖表面更加光洁。

抛光砖

市场价格

抛光砖市价一般为 45~260 元 /m^2。

材料说明

抛光砖坚硬耐磨，抗弯曲强度大。同时，抛光砖基本无色差，选择购买抛光砖，不用担心同一批瓷砖会产生色差问题，可安心铺贴使用。

用途说明

抛光砖适用于客厅、餐厅、过道等空间。

（3）玻化砖

玻化砖采用高温烧制而成，然后经过磨具打磨光亮，表面如玻璃镜面一样光滑透亮，是所有瓷砖中最硬的一种。其在吸水率、平整度、几何尺寸、弯曲强度、耐酸碱性等方面都优于普通釉面砖和天然大理石。

玻化砖

市场价格

玻化砖市价一般为 50~320 元 /m^2。

◈ 材料说明

玻化砖的外表经过特殊的工艺加工后能呈现出大理石一样的气质，色调柔和，表面光滑明亮；另外，玻化砖还能加工出天然的、自然生长而又变化各异的仿玉石纹理。

📄 用途说明

由于玻化砖经过打磨，毛气孔较大，易吸收灰尘和油烟，所以不适合用于卫生间和厨房。

（4）釉面砖

釉面砖是砖的表面经过施釉高温高压烧制处理的瓷砖。这种瓷砖是由土坯和表面的釉面两个部分构成的，主体又分陶土和瓷土两种，陶土烧制出来的背面呈红色，瓷土烧制的背面呈灰白色。

釉面砖

🔳 市场价格

釉面砖市价一般为 50~400 元 /m^2。

◈ 材料说明

釉面砖表面可以做各种图案和花纹，比抛光砖的色彩和图案丰富；因为表面是釉料，所以耐磨性不如抛光砖。

📄 用途说明

釉面砖图案和花纹丰富，适合用作卫生间和厨房的墙地砖。

（5）微晶石

微晶石又被称为微晶玻璃复合板材，是将一层 3~5mm 的微晶玻璃复合在陶瓷玻化石的表面，经二次烧结后完全融为一体的高科技产品。

微晶石

市场价格

微晶石市价一般为 300~750 元 /m²。

材料说明

微晶石质地细腻，光泽度好，拥有丰富的色彩，具有玉石般的质感。通过晶化，石材表面光滑平整，远超出其他石材品类。由于属于微晶材质，其对于光线能产生柔和的反射效果。另外，由于生产中使用玻璃基质，因此微晶石表层具有晶莹剔透的效果。

用途说明

微晶石质感高档，适合用于客厅、餐厅、过道等空间。

（6）仿古砖

仿古砖是釉面砖的一种，坯体为炻瓷质（吸水率 3% 左右）或炻质（吸水率 8% 左右）。可以说它是从彩釉砖演化而来，是上釉的瓷质砖。与普通的釉面砖相比，其差别主要表现在釉料的色彩上面。

仿古砖

市场价格

仿古砖市价一般为 75~550 元 /m²。

◈ 材料说明

仿古砖所谓的仿古，指的是砖的效果，而非烧制工艺。仿古砖通过样式、颜色、图案，营造出怀旧的质感，体现出岁月的沧桑和历史的厚重感。

📄 用途说明

仿古砖适合用于客厅、餐厅、过道、厨房、卫生间等空间。

（7）木纹砖

木纹砖是指表面具有天然木材纹理图案的陶瓷砖，分为釉面砖和劈开砖两种。前者是通过丝网印刷工艺或贴陶瓷花纸的方法来使产品表面获得木纹图案。而后者是采用两种或两种以上烧后呈不同颜色的坯料，用真空螺旋挤出机将它们螺旋混合后，通过剖切出口形成的酷似木材的纹理贯通整块产品的劈开砖。

木纹砖

🗒 市场价格

木纹砖市价一般为 85~240 元 /m²。

◈ 材料说明

木纹砖看上去和原木非常相似，耐磨且不怕潮湿。由于工艺的不断进步，木纹砖已可模仿橡木、柚木、花梨木、紫檀木、楠木、杉木、胡桃木等数十款顶级木种的纹理。

📄 用途说明

木纹砖适合用在卧室，代替木地板作为地面铺贴材料。

（8）皮纹砖

皮纹砖是一种模仿动物原生态皮纹的瓷砖。它从视觉上避免了瓷砖带给人坚硬、冰冷的印象，给人以柔和、温馨的质感。由于皮纹砖的制作工艺成熟，对原材料要求不高，因此售价较为亲民。

皮纹砖

🏷 市场价格

皮纹砖市价一般为 45~180 元 /m²。

≋ 材料说明

皮革制品的缝线、收口、磨边是皮纹砖的标志，皮纹砖不仅有皮革的视觉质感，还有类似皮革的凹凸肌理。

📄 用途说明

皮纹砖适合用在电视背景墙、床头背景墙等墙面造型中。

（9）马赛克瓷砖

马赛克瓷砖是由数十块小瓷砖或小陶片组成的瓷砖。它以小巧玲珑、色彩斑斓的特点成为各类瓷砖中最具装饰效果的瓷砖。由于马赛克的凹纹处不易打理，因此不适合铺贴在地面或大面积地铺贴在墙面中。

马赛克瓷砖

市场价格

马赛克瓷砖市价一般为 90~430 元 /m²。

材料说明

马赛克因为由小砖组成，因此可以做一些拼图，产生渐变的效果。这种独一无二的装饰效果是其他瓷砖所不具备的。

用途说明

马赛克瓷砖适合用于面积较小的空间，或用作墙面造型装饰砖。

5.1.2　天然大理石市场价格

（1）黄色系天然大理石

黄色系天然大理石包括金线米黄、莎安娜米黄、洞石等。其中金线米黄的原产地为埃及，莎安娜米黄的原产地为伊朗，而洞石的原产地为罗马。

金线米黄　　　　　　　莎安娜米黄　　　　　　洞石

市场价格

金线米黄市价一般为 140~320 元 /m²。

莎安娜米黄市价一般为 400~1100 元 /m²。

洞石市价一般为 260~480 元 /m²。

◈ 材料说明

金线米黄表面有类似金线的纹理,金线呈不规则线条延伸,质感高贵。

莎安娜米黄表面具有类似玉石般的温润质感,色调柔和,给人以温暖舒适的感觉。

洞石表面有许多小孔,给人以硬朗的质感。

📄 用途说明

黄色系天然大理石适合用于电视背景墙、餐厅背景墙以及飘窗窗台板等处。

(2)绿色系天然大理石

绿色系天然大理石包括大花绿、雨林绿等。其中大花绿的产地有中国陕西、意大利、中国台湾等,以中国陕西为主产地;雨林绿的原产地为印度。

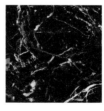
大花绿

雨林绿

🖳 市场价格

大花绿市价一般为 280~350 元 /m²。

雨林绿市价一般为 560~1300 元 /m²。

◈ 材料说明

大花绿组织细密、坚实、耐风化、色彩鲜明，石材表面像一朵朵飘散的花纹。

雨林绿是经过大自然冲刷洗礼出的一种不可复制的纹理及色彩，视觉上带给人一种走进亚马孙雨林的感觉。

▤ 用途说明

绿色系天然大理石适合用于电视背景墙、餐厅背景墙、床头背景墙等处。

（3）白色系天然大理石

白色系天然大理石包括爵士白、雅士白、中花白等。其中爵士白和雅士白的原产地为希腊，中花白的原产地为意大利。

爵士白

雅士白

中花白

▦ 市场价格

爵士白市价一般为 260~380 元 /m²。

雅士白市价一般为 650~1000 元 /m²。

中花白市价一般为 500~980 元 /m²。

◈ 材料说明

爵士白的颜色淡雅、肃静，具有纯净的质感。

雅士白是海底的石灰泥渐渐堆积、结晶而成的白云石，底色为乳白色，带有少许灰色纹理。

中花白的灰色纹理细密，如网状，硬度高，耐磨性强。

📄 用途说明

白色系天然大理石适合用于电视背景墙、床头背景墙、楼梯踏步等处。

（4）黑色系天然大理石

黑色系天然大理石包括黑金沙、黑金花、黑白根等。其中黑金沙的原产地为印度，黑金花的原产地为意大利，黑白根的原产地为中国的广西和湖北。

黑金沙

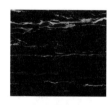
黑金花

黑白根

📊 市场价格

黑金沙市价一般为 500~1000 元 /m²。

黑金花市价一般为 400~850 元 /m²。

黑白根市价一般为 240~600 元 /m²。

◈ 材料说明

黑金沙的石材主体为黑色，内含金色沙点，在阳光的照射下，庄重而剔透的黑亮中，闪烁着黄金的璀璨，像夜空中的点点星光。

黑金花有美丽的花纹和颜色，易于加工，且有较高的抗压强度。

黑白根是带有白色筋络的黑色致密结构大理石。

📄 用途说明

黑色系天然大理石适合用于电视背景墙、餐厅主题墙的局部，以及门槛石等处。

（5）灰色系天然大理石

灰色系天然大理石包括海螺灰、云多拉灰、波斯灰等。其中海螺灰的原产地为意大利，云多拉灰的原产地为土耳其和法国，波斯灰的原产地为中国云南。

海螺灰　　　　　　　　云多拉灰　　　　　　　　波斯灰

📊 市场价格

海螺灰市价一般为 450~800 元 /m²。

云多拉灰市价一般为 290~450 元 /m²。

波斯灰市价一般为 180~360 元 /m²。

◈ 材料说明

海螺灰石材的纹理酷似一个个海螺堆叠在一起，具有精致的艺术美感。

云多拉灰有着高级灰的质感，纹理隐秘不张扬，即使大面积铺贴，衔接处也不会出现明显的断纹。

波斯灰的放射性低，因此很适合在住宅装修中使用，减少对身体造成辐射伤害。

📄 用途说明

灰色系天然大理石适合用于电视背景墙、餐厅主题墙，以及楼梯踏步等处。

（6）棕色系天然大理石

棕色系天然大理石包括深啡网大理石、浅啡网大理石等。其中深啡网大理石原产地为西班牙，浅啡网大理石原产地为土耳其。

深啡网大理石

浅啡网大理石

🏬 市场价格

深啡网大理石市价一般为 340~650 元 /m^2。

浅啡网大理石市价一般为 280~550 元 /m^2。

◈ 材料说明

深啡网属于大理石中的特级品，纹理鲜明呈网状分散，质感极强，纹理深邃，立体层次感强。

浅啡网有着和深啡网一样的纹理质感，有少量的白花，光度好。

📄 用途说明

棕色系天然大理石适合用于电视背景墙、餐厅主题墙、床头背景墙等处。

5.1.3 人造大理石市场价格

人造大理石是用天然大理石或花岗岩的碎石为填充料，用水泥、石膏和不饱和聚酯树脂为黏合剂，经搅拌成型、研磨和抛光后制成的一种石材。人造大理石按颗粒物质可分为极细颗粒、较细颗粒、适中颗粒以及有天然物质四种。

极细颗粒人造石　　　　　　　较细颗粒人造石

🗒 市场价格

极细颗粒人造石市价一般为 180~350 元 /m²。

较细颗粒人造石市价一般为 150~270 元 /m²。

◈ 材料说明

极细颗粒人造石与较细颗粒人造石相比较，前者颗粒的细密程度要更高，整体的呈现效果也更好一些。

📄 用途说明

适合用于橱柜台面、窗台板、门槛石等处。

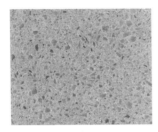
适中颗粒人造石

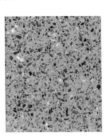
天然物质人造石

🏷 市场价格

适中颗粒人造石市价一般为 210~430 元 /m²。

天然物质人造石市价一般为 240~650 元 /m²。

◈ 材料说明

天然物质人造石相比较适中颗粒人造石，前者的颗粒物质更丰富些，含有石子、贝壳等天然物质。

📄 用途说明

人造大理石适合用于橱柜台面、窗台板、门槛石等处。

179

 # 5.2 木地板价格

木地板的质地柔软，具有冬暖夏凉的特点，是优质的地面铺贴材料。同时，木地板的纹理丰富、种类多样。常见的木地板有实木地板、实木复合地板、多层复合地板、强化复合地板、竹木地板以及软木地板等。其中，实木地板以其原木材质、丰富的木种、多变的纹理，以及较高的质量成为各类木地板中的上等材料，其市场价格也是相对较高的；实木复合地板和强化复合地板以实用性著称，因其耐刮划、硬度高；竹木地板和软木地板在住宅装修中使用得较少，一般多用在写字楼等商业空间。

5.2.1 实木地板市场价格

（1）柚木地板

柚木是一种名贵的木材，有着"万木之王"的美誉。用柚木制作出来的木地板被公认为最好的地板木材。这主要是因为柚木是唯一可经历海水浸蚀和阳光暴晒却不会发生弯曲和开裂的木材。

柚木地板

🔖 市场价格

柚木地板市价一般为 600~1100 元 /m²。

◈ 材料说明

柚木地板重量中等，不易变形，防水、耐腐、稳定性好。柚木含有极重的油质，这种油质可使其保持不变形，且带有一种特别的香味，能驱蛇、虫、鼠、蚁。地板刨光面呈金黄色，颜色会随时间的延长而更加美丽。

📄 **用途说明**

柚木地板适用于客厅、卧室、书房等空间。

（2）樱桃木地板

樱桃木是一种坚固、纹理细密、有光泽的褐色或红色木材。用樱桃木制作出来的木地板具有笔直、规则的纹理，而且有深红色的生长纹路。

樱桃木地板

📊 **市场价格**

樱桃木地板市价一般为 350~650 元 /m²。

📑 **材料说明**

樱桃木地板色泽高雅，带有温暖的感觉，可装饰出高贵感。同时，樱桃木地板具有硬度低、强度中等、耐冲击、载荷稳定性好、耐久性高等特点。

📄 **用途说明**

樱桃木地板适合用于客厅、卧室、书房等空间。

（3）黑胡桃木地板

黑胡桃木是一种边材呈浅黄褐色至浅栗褐色，芯材呈红褐色至栗褐色，有时带紫色的木材。用黑胡桃木制作的木地板具有深色的条纹，给人以沉稳、大气的装饰效果。

黑胡桃木地板

市场价格

黑胡桃木地板市价一般为 500~1100 元 /m²。

材料说明

黑胡桃木地板呈浅栗褐色带紫色，色泽较暗，结构均匀，稳定性好，容易加工，强度大，结构细，耐腐，耐磨，干缩率小。

用途说明

黑胡桃木地板适合用于客厅、卧室、书房等空间。

（4）桃花芯木地板

桃花芯木有着波纹涟漪的纹路，色彩凝重大气，是名贵的木材之一。用桃花芯木制作的木地板整体呈浅红褐色，表面有美丽的光泽。

市场价格

桃花芯木地板

桃花芯木地板市价一般为 450~800 元 /m²。

◈ 材料说明

桃花芯木地板的木质坚硬、轻巧，结构坚固，易加工，色泽温润、大气，木花纹绚丽、漂亮、变化丰富。另外，桃花芯木地板还具有密度中等、稳定性高、干缩率小等特点。

📄 用途说明

桃花芯木地板适合用于客厅、卧室、书房等空间。

（5）相思木地板

相思木的木质纹理形似鸡翅，因此常用名为"鸡翅木"；又因其种子为红豆，所以也被称为相思木和红豆木。用相思木制作的木地板纹理充满变化，极富装饰性，有股淡淡的楠木香气，因此具有一定的驱虫效果。

相思木地板

🉐 市场价格

相思木地板市价一般为 550~1250 元 /m²。

◈ 材料说明

相思木地板的木材细腻、密度高，呈黑褐色或巧克力色，结构均匀，强度及抗冲击韧性好，很耐腐。地板纹理的生长轮明显且自然，形成独特的自然纹理，高贵典雅。

📄 用途说明

相思木地板适合用于客厅、卧室、书房等空间。

183

（6）圆盘豆木地板

圆盘豆木的芯材呈金黄褐色至红褐色，纹理细密，木材硬度高，重量沉。用圆盘豆制作的木地板不易变形，有较高的强度，耐磨，抗白蚁。

圆盘豆木地板

🏷 市场价格

圆盘豆木地板市价一般为 260~480 元 /m²。

⊗ 材料说明

圆盘豆木地板的颜色比较深，分量重，密度大，抗击打能力强。在中档实木地板中，稳定性能是比较好的，但脚感比较硬，不适合有老人或小孩的家庭使用。

📄 用途说明

圆盘豆木地板适合用于客厅、卧室、书房等空间。

5.2.2 复合地板市场价格

（1）实木复合地板

实木复合地板是由不同树种的板材交错层压而成，一定程度上克服了实木地板湿胀干缩的缺点，干缩湿胀率小，具有较好的尺寸稳定性，并保留了实木地板的自然木纹和舒适的脚感。

实木复合地板

市场价格

实木复合地板市价一般为 180~360 元 /m²。

材料说明

实木复合地板兼具强化地板的稳定性与实木地板的美观性，而且具有环保优势。

用途说明

实木复合地板适合用于客厅、卧室、书房等空间。

（2）多层复合地板

多层复合地板以多层胶合板为基材，表层为硬木片镶拼板或刨切单板，以胶水热压而成。基层胶合板的层数必须是单数，通常为七层或九层，表层为硬木表板，总厚度通常不超过 15mm。

多层复合地板

市场价格

多层复合地板市价一般为 150~350 元 /m²。

材料说明

多层复合地板具有良好的地热适应性能，可应用在地热采暖环境，解决了实木地板在地热采暖环境中变形的难题。

用途说明

多层复合地板适合用于客厅、卧室、书房等空间。

（3）强化复合地板

强化复合地板一般是由四层材料复合组成，即耐磨层、装饰层、高密度基材层、平衡（防潮）层。强化复合地板也称浸渍纸层压木质地板、强化木地板。合格的强化复合地板是以一层或多层专用浸渍热固氨基树脂组成的。

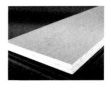

强化复合地板

市场价格

强化复合地板市价一般为 75~190 元 /m²。

材料说明

强化复合地板表层为耐磨层，它由分布均匀的三氧化二铝构成，能达到很高的硬度，用尖锐的硬物如钥匙去刮，也只能留下很浅的痕迹。强化复合地板的耐污染、抗腐蚀、抗压、抗冲击性能均比其他种类木地板好。

用途说明

强化复合地板适合用于客厅、卧室、书房等空间。

5.2.3　竹木地板市场价格

竹木地板是竹材与木材复合生产出来的地板。地板面板和底板采用的是上好的竹材，而其芯层多为杉木、樟木等木材。

竹木地板

市场价格

竹木地板市价一般为 130~190 元 /m²。

⊗ 材料说明

竹木地板外观自然清新，纹理细腻流畅，防潮、防湿、防蚀以及韧性强，有弹性。同时，其表面坚硬程度可以与木制地板中的常见材种如樱桃木、榉木等媲美。

📄 用途说明

竹木地板适用于客厅、卧室、书房、商业写字楼等空间。

5.2.4 软木地板市场价格

软木地板以栓皮栎橡树的树皮为原材料，因此具有极佳的脚感、隔声性与防潮效果。与实木地板相比，软木地板最大的特点是防滑。走在地板上人不易滑倒，增加了地板使用的安全性。

软木地板

🗟 市场价格

软木地板市价一般为 150~460 元 /m^2。

⊗ 材料说明

软木地板是业内公认的静音地板。软木因为感觉比较软，就像人走在沙滩上一样非常安静。但同时也暴露出软木地板的缺点，那就是不耐磨，而且清洁起来比较麻烦。

📄 用途说明

软木地板适用于客厅、卧室、书房、商业写字楼等空间。

5.3 装饰漆价格

装饰漆是指涂刷在墙体表面的、具有精美装修效果的涂料，常见的包括乳胶漆、硅藻泥等。劣质的乳胶漆对人体会产生较大的危害。实际上，乳胶漆的环保性与具体品类存在关联，这时就需要设计师对乳胶漆的品类、售价有一定的了解了；同样地，硅藻泥因样式、造型的不同，也存在着多样性的选择，往往是花型越复杂、精致，市场价格越高。

5.3.1 乳胶漆市场价格

（1）水溶性乳胶漆

水溶性乳胶漆主要是指以水为溶剂的乳胶漆。它是以合成树脂乳液为成膜物质，以水为溶剂，加入颜填料和助剂，经过一定工艺过程制成的涂料。也就是说，乳胶漆是合成树脂乳胶固体微粒在水中的分散体和颜填料颗粒在水中分散体的混合物。

水溶性乳胶漆

📑 **市场价格**

水溶性乳胶漆每桶市价一般为 290~340 元。

◈ **材料说明**

水溶性内墙乳胶漆，以水作为分散介质，无有机溶剂性毒气体带来的环境污染问题，透气性好，避免了因涂膜内外温度压力差而导致的涂膜起泡弊病。

📄 用途说明

水溶性乳胶漆适合用于未干透的新墙面涂刷。

（2）通用型乳胶漆

通用型乳胶漆是目前市场份额占比最大的一种产品，最普通的为亚光乳胶漆，效果白而没有光泽，刷上确保墙体干净、整洁，具备一定的耐刷洗性，具有良好的遮盖力。

通用型乳胶漆

📇 市场价格

通用型乳胶漆每桶市价一般为 240~320 元。

⬙ 材料说明

通用型乳胶漆是一种典型的丝绸墙面漆，手感跟丝绸缎面一样光滑、细腻、舒适，侧面可看出光泽度，正面看不太明显。

📄 用途说明

通用型乳胶漆对墙体要求比较苛刻，如若是旧墙翻新，底材稍有不平，灯光一打就会显示出光泽不一致，因此对施工要求也比较高。施工时要求做得非常细致，才能尽显其高雅、细腻、精致之效果。

（3）抗污乳胶漆

抗污乳胶漆并不是指乳胶漆沾染不上污渍，而是它的耐污性相较其他乳胶漆要好一些。例如，抗污乳胶漆对一些水溶性污渍（水性笔、手印、铅笔等）都能轻易擦掉，一些油渍也能蘸上清洁剂擦掉，但对

抗污乳胶漆

一些物质如墨汁等，就不能擦到恢复原状。

市场价格

抗污乳胶漆每桶市价一般为 300~450 元。

材料说明

抗污乳胶漆无污染、无毒、无火灾隐患，易于涂刷，干燥迅速，漆膜耐水、耐擦洗性好，色彩柔和。

用途说明

抗污乳胶漆适合用于儿童房、活动室等墙面易沾染污渍的空间。

（4）抗菌乳胶漆

抗菌乳胶漆的出现推动了建筑涂料向健康、环保的方向发展。目前理想的抗菌乳胶漆为无机抗菌剂，包括金属离子型无机抗菌剂和氧化物型抗菌剂，对常见微生物、金黄色葡萄球菌、大肠杆菌、白色念珠菌及酵母菌、霉菌等具有杀灭和抑制作用。

抗菌乳胶漆

市场价格

抗菌乳胶漆每桶市价一般为 380~600 元。

材料说明

抗菌功能是抗菌乳胶漆的主打功能。其次，它还具有涂层细腻丰满、耐水、耐霉、耐候性等特点。

📄 **用途说明**

抗菌乳胶漆适合用于对环保要求较高、水汽较大的空间。

（5）叔碳漆

叔碳漆是起源于欧洲的一款乳胶漆涂料，其基料是叔碳酸乙烯酯的共聚物。叔碳漆具有出色的漆膜性能，同时具有优异的耐受性能、装饰性能、施工性能、环保健康性能，不含甲醛，VOC（挥发性有机化合物）极低。

📊 **市场价格**

叔碳漆每桶市价一般为 290~500 元。

📑 **材料说明**

叔碳漆具有非常强的耐水性和抗碱性，漆膜细腻平滑坚韧，流平性和抗流性好，易于施工。同时因为叔碳漆可在无 VOC 的情况下成膜，从而具备了优异的环保健康性能。

📄 **用途说明**

叔碳漆适合用于对环保要求较高、水汽较大的空间。

5.3.2 硅藻泥市场价格

（1）肌理硅藻泥

肌理硅藻泥是最常见的硅藻泥类型，表面呈现出具有质感的凹凸纹理。与乳胶漆相比，肌理硅藻泥更具立体感和装饰性，同时漆面耐刮划，不易脱落。

常见的肌理硅藻泥样式

市场价格

肌理硅藻泥市价一般为 45~60 元 /m^2。

材料说明

肌理硅藻泥的表面纹理以细密、规整为主，整体呈现出精致的颗粒质感，单论颗粒样式，选择就多达十余种。

用途说明

肌理硅藻泥适用于客厅、餐厅、卧室、书房等空间的墙面，代替传统的乳胶漆。

（2）印花硅藻泥

印花硅藻泥，顾名思义，就是指带有印花纹理样式的硅藻泥。与肌理硅藻泥相比，印花硅藻泥的施工难度上升了一个层级，但从装饰效果上来说，印花硅藻泥纹理更丰富，样式的可选择性也更多。

常见的印花硅藻泥样式

市场价格

印花硅藻泥市价一般为 85~160 元 /m^2。

材料说明

印花硅藻泥的印花纹理通常较大，如贝壳、树叶、鲜花等纹理，并且呈一定规律排列在墙面中，给人以整齐丰富的设计美感。

用途说明

印花硅藻泥适合用于客厅、餐厅、卧室等空间的背景主题墙。

（3）艺术硅藻泥

艺术硅藻泥是指带有艺术造型纹理的硅藻泥，通常以整面墙为背景，在上面制作一幅画、一处山水或一个场景等。它的装饰性强，具有整体感。

艺术硅藻泥

市场价格

艺术硅藻泥市价一般为 180~260 元 /m^2。

材料说明

艺术硅藻泥的样式通常由商家提供，也就是说，商家会提供近十种的艺术纹理，我们只能在限定的艺术纹理中进行选择。

用途说明

艺术硅藻泥适合用于客厅、餐厅、卧室等空间的背景主题墙。

（4）定制硅藻泥

定制硅藻泥是艺术硅藻泥的一种延伸。所谓定制，就是商家可根据客户提供的样式进行设计和施工。一般来说，定制硅藻泥会增加施工的周期和难度，因为商家需要提前制作模具，模具制作好之后才能进场施工。

定制硅藻泥

市场价格

定制硅藻泥市价一般为 240~350 元 /m²。

材料说明

定制硅藻泥的样式由客户提供，但基底则由商家提供。一般多采用肌理硅藻泥作为定制硅藻泥的基底。

用途说明

定制硅藻泥适合用于客厅、餐厅、卧室等空间的背景主题墙。

5.4 壁纸价格

壁纸属于裱糊类的装饰壁材，花色众多、施工简单，具有极佳的装饰效果。壁纸材料本身具有较高的环保性，若同时使用环保胶来粘贴就更安全。壁纸与乳胶漆、硅藻泥相比较，其装饰效果突出柔和、舒适的质感，且多种多样的花纹也使壁纸可适应多种家居风格。在价格方面，壁纸几乎涵盖了高、中、低端。

5.4.1 壁纸市场价格

（1）PVC 壁纸

PVC 壁纸是使用 PVC 这种高分子聚合物作为材料，通过印花、压花等工艺生产制造的壁纸，分为涂层壁纸和胶面壁纸两类，有较强的质感和较好的透气性，能够较好地抵御油脂和湿气的侵蚀。

PVC 壁纸

市场价格

PVC 壁纸市价一般为 25~40 元 /m²。

材料说明

PVC 壁纸具有一定的防水性，表面污染后，可用干净的海绵或毛巾擦拭。施工方便，耐久性强。

用途说明

PVC壁纸适合用于住宅中除了卫生间、厨房之外的所有空间。

（2）无纺布壁纸

无纺布壁纸也叫无纺纸壁纸，是高档壁纸的一种。业界称其为"会呼吸的壁纸"。主材为无纺布，又称不织布，是由定向的或随机的纤维构成，拉力很强。

无纺布壁纸

市场价格

无纺布壁纸市价一般为65~135元/m²。

材料说明

无纺布壁纸容易分解，无毒，无刺激性，可循环再利用，色彩丰富，款式多样，透气性好，不发霉发黄，防潮，透气，柔韧，质轻，不助燃。

用途说明

无纺布壁纸适合用于住宅中除了卫生间、厨房之外的所有空间。

（3）纯纸壁纸

纯纸壁纸是一种全部用纸浆制成的壁纸，消除了传统壁纸PVC的化学成分，具有透气性好、吸水吸潮、防紫外线等优点。在耐擦洗性能上比无纺布壁纸好很多，比较好打理。装饰效果自然，手感光滑，触感舒适。

纯纸壁纸

市场价格

纯纸壁纸市价一般为 55~160 元 /m²。

材料说明

纯纸壁纸打印面纸采用高分子水性吸墨涂层，用水性颜料墨水便可以直接打印，打印图案清晰细腻，色彩还原好，颜色生动亮丽，对颜色的表达更加饱满。

用途说明

纯纸壁纸适合用于住宅中除了卫生间、厨房之外的所有空间。

（4）编织类壁纸

编织类壁纸是以草、麻、木、竹、藤、纸绳等天然材料为主要原料，由手工编织而成的高档壁纸。编制类壁纸的装饰效果出色，但不容易打理，表面容易积累灰尘。

编织类壁纸

市场价格

编织类壁纸市价一般为 70~180 元 /m²。

材料说明

编织类壁纸透气性能好，具有天然感和质朴感，适合人流较少的空间，不适合潮湿的环境，受潮后容易发霉。

用途说明

编织类壁纸适合用于住宅中除了卫生间、厨房之外的所有空间。

（5）木纤维壁纸

木纤维壁纸的主要原料是木浆聚酯合成的纸浆，绿色环保，透气性高，花色丰富，适用于各种家居风格中。另外，木纤维壁纸还具有卓越的抗拉伸、抗扯裂强度，是普通壁纸的8~10倍。

木纤维壁纸

市场价格

木纤维壁纸市价一般为 60~150 元 /m²。

材料说明

木纤维壁纸相较于其他壁纸，使用寿命较长，而且易清洗，即使表面有轻微的污渍，用抹布就能擦洗掉。

用途说明

木纤维壁纸适合用于住宅中除了卫生间、厨房之外的所有空间。

（6）金属壁纸

金属壁纸是将金、银、铜、锡、铝等金属，经特殊处理后，制成薄片贴饰于壁纸表面制成的壁纸。金属壁纸质感强，空间感强，繁复典雅，高贵华丽。

金属壁纸

市场价格

金属壁纸市价一般为 30~95 元 /m²。

◈ 材料说明

金属壁纸有两种类型，一种是全部金属面层的款式，比较华丽，构成的线条颇为粗犷奔放，适合适当地做点缀使用，能不露痕迹地带出一种炫目和前卫；另一种是局部使用金属的款式，多数为仅花纹部分使用金属层，相较来说较为低调一些，可以大面积使用。

📄 用途说明

金属壁纸适合用于住宅装修的吊顶中，例如金箔壁纸和银箔壁纸。

（7）植绒壁纸

植绒壁纸是以无纺纸、玻纤布为底纸，绒毛为尼龙毛和黏胶毛制成的一种壁纸。植绒壁纸的立体感非常出色，绒面的图案使其效果非常独特。相较 PVC 壁纸来说，植绒壁纸不易打理，尤其是劣质的，沾染污渍后很难清洗，所以需要特别注重质量。

植绒壁纸

🗒 市场价格

植绒壁纸市价一般为 85~200 元 /m^2。

◈ 材料说明

植绒壁纸有明显的丝绒质感和手感，质感清晰、手感细腻，不反光，无异味，不易褪色，具有良好的消声、耐磨特性。

📄 用途说明

植绒壁纸适合用于住宅中除了卫生间、厨房之外的所有空间。

5.4.2 壁布市场价格

（1）锦缎壁布

锦缎壁布是以锦缎为原材料制成的一种壁布。锦缎是中国传统丝织物，因此用锦缎制作的壁布，具有浓郁的中国风，适合设计在中式、新中式等风格家居中。

锦缎壁布

市场价格

锦缎壁布市价一般为 160~250 元 /m²。

材料说明

锦缎壁布花纹艳丽多彩，质感光滑细腻，但不耐潮湿，不耐擦洗，透气、吸声效果好。

用途说明

锦缎壁布适合用于住宅中除了卫生间、厨房之外的所有空间。

（2）刺绣壁布

刺绣壁布是在无纺布底层上，用刺绣将图案呈现出来的一种墙布，具有艺术感，非常精美，装饰效果极佳，具有品质感和高档感。

刺绣壁布

市场价格

刺绣壁布市价一般为 180~300 元 /m²。

材料说明

刺绣壁布刺绣出来的图案立体感强，远观有着类似 3D 般效果，给人一种独立于墙面而存在的视觉观感。

用途说明

刺绣壁布适合用于住宅中除了卫生间、厨房之外的所有空间。

（3）纯棉壁布

纯棉壁布是以纯棉布经过处理、印花、涂层而制作出来的一种壁布。这种壁布有着柔和舒适的触感，带给人温馨的感觉。

纯棉壁布

市场价格

纯棉壁布市价一般为 130~280 元 /m²。

材料说明

纯棉壁布强度大，透气性好，但表面容易起毛，不能擦洗，不适合潮气较大的环境。

用途说明

纯棉壁布适合用于住宅中除了卫生间、厨房之外的所有空间。

（4）玻璃纤维壁布

玻璃纤维壁布采用天然石英材料精制而成，表面涂以耐磨树脂，集技术、美学和自然属性为一体。同时，天然的石英材料造就了玻璃纤维壁布环保、健康、超级抗裂的品质。

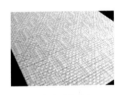

玻璃纤维壁布

市场价格

玻璃纤维壁布市价一般为 145~250 元 /m²。

材料说明

玻璃纤维壁布花色品种多，色彩鲜艳，不易褪色，防火性能好，耐潮性强，可擦洗。

用途说明

玻璃纤维壁布适合用于住宅中除了卫生间、厨房之外的所有空间。

5.5 装饰玻璃价格

装饰玻璃主要包含各类镜面玻璃以及一些艺术玻璃。它们或可以通过反射影像、模糊空间的虚实界限，来扩大空间感。特别是一些光线不足、房间低矮或者梁柱较多无法砸除的户型，使用一些壁面玻璃，可以加强视觉的纵深，制造宽敞的效果。或可以增添艺术感，为家居空间提升品质感和细节美。玻璃面积越大，市场价格越高，施工越麻烦，所以可以采取小面积的方式来设计，安全性高又可节约资金。

5.5.1 镜面玻璃市场价格

（1）银镜

银镜是指背面反射层为白银的镜面玻璃，例如穿衣镜、浴室镜等均为银镜。银镜的主要目的是通过镜面反射来照射衣着、面容，因此在住宅设计中以实用性为主，装饰性为辅。

银镜

市场价格

银镜市价一般为 35~60 元 /m²。

材料说明

住宅装修中常用的银镜为 6mm 厚。银镜镜面光滑，反射效果好，但易碎。

📄 用途说明

银镜适合设计在卫浴间、门厅等处，作为穿衣镜使用。银镜对现实场景的反射效果好，因此适合设计在小面积空间，或狭窄逼仄的空间。

（2）黑镜

黑镜又叫黑色烤漆镜，整体呈深黑色，有模糊朦胧的反射效果，设计在墙面中，与白色墙面可形成鲜明对比，增加空间的进深感。

黑镜

📊 市场价格

黑镜市价一般为 75~100 元 /m²。

◈ 材料说明

住宅装修中常用的黑镜厚度为 3~10mm。其中，3~6mm 厚黑镜通常设计在吊顶中；6~10mm 厚黑镜设计在墙面中。

📄 用途说明

黑镜常用来搭配白色雕花格设计在电视背景、餐厅主题墙等处，以黑白的对比色突出装饰效果。

（3）灰镜

灰镜是在灰色玻璃上镀一层银粉，然后再粉刷一层或数层高抗腐蚀性环保油漆，并经过一系列的美化和切割工艺，最终制作而成的一种装饰玻璃。

灰镜

市场价格

灰镜市价一般为 80~110 元 /m²。

材料说明

灰镜有着冷冽、都市的设计美感，因此将其搭配金属收边框有着时尚、潮流的质感。

用途说明

灰镜适合以局部造型的形式设计在现代、简约等风格的墙面中。

（4）茶镜

茶镜使用茶晶或茶色玻璃制成，整体呈茶色、金色、黄色等暖色调。茶镜是在住宅装修中运用最为广泛的一种装饰镜，经常采用车边镜工艺，将其拼贴在背景墙中。

茶镜

市场价格

茶镜市价一般为 85~130 元 /m²。

材料说明

茶镜制作成车边镜时，会将茶镜四周边框倒成斜角，一般为 30°~ 45°。

用途说明

茶镜有着高贵、奢华的装饰感，常被用来设计在欧式、法式、美式等风格的住宅中。

5.5.2 艺术玻璃市场价格

（1）彩绘玻璃

彩绘玻璃是用特殊颜料直接着墨于
玻璃上，或者在玻璃上喷雕出各种图案
再加上色彩制成的一种装饰玻璃。

彩绘玻璃

📇 **市场价格**

彩绘玻璃市价一般为 280~320 元 /m²。

◈ **材料说明**

彩绘玻璃可逼真地对原画进行复制，画膜附着力强，可进行擦洗，
可将绘画、色彩、灯光融于一体，可将大自然的生机与活力剪裁入室，
图案丰富亮丽。

📄 **用途说明**

彩绘玻璃适合用在推拉门中，或室内装饰窗中。

（2）琉璃玻璃

琉璃玻璃是将玻璃烧熔，加入各种
颜色，在模具中冷却成型制成的一种装
饰玻璃。琉璃玻璃的色彩极为鲜艳和丰
富，装饰效果优异，但面积都很小，价
格昂贵。

琉璃玻璃

市场价格

琉璃玻璃市价一般为 500~900 元 /m²。

材料说明

琉璃玻璃具有别具一格的造型、丰富亮丽的图案、变幻莫测的纹路，既可展现出古老的东方韵味，又可体现出西方的浪漫情怀。

用途说明

琉璃玻璃适合以局部造型设计在背景墙中。

（3）雕刻玻璃

雕刻玻璃是采用化学药剂——蚀刻剂来腐蚀玻璃雕刻出来的一种装饰玻璃。其蚀刻方法是将待刻的玻璃，洗净晾干平置，于其上涂布用汽油溶化的石蜡液作为保护层，再于固化后的石蜡层上雕刻出所需要的文字或图案。

雕刻玻璃

市场价格

雕刻玻璃市价一般为 180~280 元 /m²。

材料说明

雕刻玻璃可在玻璃上雕刻各种图案和文字，最深可以雕入玻璃的1/2 处。立体感强，工艺精湛。

📄 **用途说明**

雕刻玻璃适合设计在推拉门、玻璃隔断墙中。

（4）冰花玻璃

冰花玻璃是一种利用平板玻璃，经特殊处理形成具有冰花纹理的装饰玻璃。冰花玻璃可用无色平板玻璃制造，也可用茶色、蓝色、绿色等彩色玻璃制造。

冰花玻璃

📈 **市场价格**

冰花玻璃市价一般为 160~290 元 /m²。

◈ **材料说明**

冰花玻璃有着良好的透光性能，具有较好的装饰效果。

📄 **用途说明**

冰花玻璃适合设计在推拉门、玻璃隔断墙中。

（5）压花玻璃

压花玻璃也称花纹玻璃，玻璃上的花纹和图案漂亮精美，看上去像压制在玻璃表面的，装饰效果较好。

压花玻璃

📈 **市场价格**

压花玻璃市价一般为 145~230 元 /m²。

◈ 材料说明

压花玻璃能阻挡一定的视线，同时又有良好的透光性。为避免尘土的污染，安装时要注意将印有花纹的一面朝向内侧。

📄 用途说明

压花玻璃适合设计在推拉门、玻璃隔断墙、门窗玻璃中。

（6）镶嵌玻璃

镶嵌玻璃可以将彩色图案的玻璃、雾面朦胧的玻璃、清晰剔透的玻璃任意组合，再用金属丝条加以分隔，合理地搭配"创意"，呈现出不同的美感，极具装饰性。

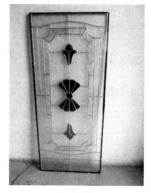

镶嵌玻璃

🖾 市场价格

镶嵌玻璃市价一般为 170~330 元 /m²。

◈ 材料说明

由于镶嵌玻璃由多种玻璃组合而成，因此需要金属边框固定才能保证玻璃的稳固性。

📄 用途说明

镶嵌玻璃主要运用在玻璃隔断门中。

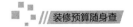

 ## 5.6 门窗价格

　　门和窗是室内空间的防护罩，门的使用频率很高，如果只考虑价格低而挑选，使用时可能会面临变形、掉皮等诸多困扰。如果想在门上节约资金，不要只看价格，可以挑选造型比较简单但质量过硬的款式，比起质量相同但造型复杂的款式来说要更具性价比；窗子如果闭合不严，住户易受外界噪声困扰，刮风的时候还会有很多灰尘进入到室内空间中，污染室内的环境。

5.6.1 套装门市场价格

（1）实木门

　　实木门取原木为主材做门芯，经过烘干处理，然后再经过下料、抛光、开榫、打眼等工序加工而成。从施工工艺上看，实木门多采用指接木工艺。指接木是原木经锯切、指接后的木材，性能比原木要稳定得多，能切实保证门不变形。

常见的实木门样式

市场价格

实木门每樘市价一般为 2800~3500 元。

材料说明

实木门所选用的多是名贵木材，如胡桃木、柚木、红橡、水曲柳、沙比利等。经加工后的成品门具有不易变形、耐腐蚀、无裂纹及隔热保温等特点。

用途说明

实木门质感高档，适合设计在中式、欧式等奢华、大气的空间中。

（2）原木门

原木门是指以整块天然木材为原料加工制作而成的木门，其主要特征是制作的门扇各个部件的材质都是同一树种且内外一致的全实木木门。因此，原木门对居室的价值就不仅仅体现在实用性上，还代表着独一无二的装饰性和尊贵感。

常见的原木门样式

市场价格

原木门每樘市价一般为 3900~5000 元。

材料说明

原木门因选用树种的不同，能呈现出变化多端的木质纹理及色泽。原木门的材质选择是很重要的，要同时兼顾不同木质对雕刻的要求，做

到材质、颜色、风格、造型的完美结合。因此，选择与居室装饰格调相一致的原木门，将会令居室增色不少。

📄 **用途说明**

原木门不可复制的纹理和质感，使其适合设计在高层高、大空间中，例如别墅、大平层等住宅类型。

（3）实木复合门

实木复合门是指以木材、胶合板材等为主要原料，经复合制成的实型体或接近实型体，面层为木质单板贴面或其他覆面材料的门。也就是说，实木复合门的门芯多以松木、杉木或进口填充材料黏合而成，外贴实木密度板或实木木皮。

常见的实木复合门样式

🔲 **市场价格**

实木复合门每樘市价一般为 1400~2100 元。

⊗ **材料说明**

住宅中使用的实木复合门，其门芯多为优质白松，表面则为实木单板。由于白松密度小、重量轻，且容易控制含水率，因而成品门的重量都很轻，也不易变形、开裂。

📄 **用途说明**

实木复合门是各类套装门中最具性价比的产品，而且门扇造型不受木材控制，因此适合各种户型、各种风格的住宅空间。

（4）模压门

模压门是以胶合材、木材为骨架材料，面层为人造板或 PVC 板等压制胶合或模压成型的中空门。与其他门相比，模压门重量轻、造型丰富，但质量则远不如其他门。

常见的模压门样式

🏷️ **市场价格**

模压门每樘市价一般为 750~1250 元。

〰️ **材料说明**

模压门分为一次成型模压门和二次成型模压门。其中一次成型模压门的制作工艺相对简单，能够节约生产成本，但成品质量较差；二次成型模压门有一个二次压花成型的生产过程，其质量更好，而且气泡现象要明显少于一次成型模压门。

📄 **用途说明**

模压门的售价低，质量一般，因此适合应用在出租房，或一些追求低成本、少预算的住宅中。

5.6.2 推拉门市场价格

（1）推拉门

推拉门是指通过推或拉来开启或关闭的移门。不同于传统的套装门，推拉门具有不占用空间面积、防潮、通透等特点，尤其对一些小面积空间来说，推拉门是最合适的一种隔断门。推拉门按照材质类型可分为四类，分别是铝合金推拉门、实木推拉门、塑钢推拉门和玻璃推拉门；若按照轨道类型，又可分为上滑轨推拉门和下滑轨推拉门两种。

铝合金推拉门

实木推拉门

塑钢推拉门

玻璃推拉门

上滑轨推拉门

下滑轨推拉门

📇 市场价格

铝合金推拉门市价一般为 380~850 元 /m²。

实木推拉门市价一般为 550~1000 元 /m²。

塑钢推拉门市价一般为 260~580 元 /m²。

玻璃推拉门市价一般为 180~320 元 /m²。

上滑轨推拉门市价一般为 580~1400 元 /m²。

下滑轨推拉门市价一般为 220~600 元 /m²。

📑 材料说明

铝合金推拉门和实木推拉门的差异体现在边框用材上,前者为重量轻、硬度高的铝合金材质,后者为纹理天然、质感高档的实木材质。

塑钢推拉门的边框可模仿木纹理,呈现出实木推拉门的设计效果,但市场价格则要比实木推拉门便宜。

玻璃推拉门特指淋浴房推拉门。这种推拉门通常为通透的钢化玻璃,上面安装金属边框和拉手。

上滑轨推拉门是近几年开始流行的一种新型轨道推拉门。因为滑轨被安装在上面,可以保证地面的平整和延续性,而且也不用担心滑轨积灰、难清洁等问题。

铝合金推拉门、实木推拉门、塑钢推拉门等上面介绍的推拉门其实都属于下滑轨推拉门,这种推拉门具有耐用、稳固等特点。

📄 用途说明

铝合金推拉门适合设计在现代、简约、北欧等提倡极简风,又充满设计感的家居风格中。实木推拉门适合设计在中式、欧式、美式等偏古典的家居风格中。

塑钢推拉门适合应用在阳台、厨房等空间。玻璃推拉门适合应用在卫生间内的淋浴房。

上滑轨推拉门适合应用于强调设计感的空间。下滑轨推拉门适合应用于任何需要安装推拉门的空间。

（2）折叠门

折叠门主要由门框、门扇、传动部件、转臂部件、传动杆、定向装置等组成。每樘门至少有两个门扇，常见的为四门扇折叠门，分为边门扇、中门扇各两扇。边门扇一边的边框与中门扇之间由铰链连接。

常见的折叠门样式

🔖 市场价格

折叠门市价一般为 450~700 元 /m²。

⊗ 材料说明

折叠门的保温性和密封性都还不错，可以隔冷隔热，隔绝油烟，防潮防火，降低噪声。

📄 用途说明

折叠门打开后可以一推到底，非常节省空间，因此适合应用在狭窄或狭长的空间中。另外，折叠门通常为上滑轨式推拉门，因此也适合应用在半敞开式的书房中。

5.6.3　室内窗市场价格

（1）塑钢窗

塑钢窗是以 PVC 树脂为主要原料，加上一定比例的稳定剂、着色剂、填充剂、紫外线吸收剂等，经挤压制作出来的窗户。因此，塑钢窗具有良好的保温性，隔声效果佳，即使经过阳光长时间的直射，也不会出现老化问题。

平开塑钢窗

推拉塑钢窗

下悬塑钢窗

▦ 市场价格

塑钢窗市价一般为 210~300 元 /m^2。

▧ 材料说明

塑钢窗的边框呈乳白色，中间为中空隔声玻璃，具有隔声、隔热等特点。同时，塑钢窗按照开窗方式又分为平开窗、推拉窗、下悬窗等。

📄 用途说明

平开塑钢窗适合应用在卧室、书房等空间。推拉塑钢窗适合应用在客厅、阳台等空间。下悬塑钢窗适合应用在厨房、卫生间等空间。

（2）断桥铝窗

断桥铝窗是以铝合金为原料制作成的窗户，之所以不称它为铝合金窗，是因为铝合金是金属，导热比较快，所以当室内外温度相差很多时，铝合金就可以成为一座传递热量的"桥"，这样的材料做成门窗，它的隔热性能就不佳了。而断桥铝是将铝合金从中间断开的。它采用硬塑将断开的铝合金连为一体，这样热量就不容易通过整个材料散发出去，增强了窗户的隔热性能。

断桥铝窗

📊 市场价格

断桥铝窗市价一般为 280~650 元 /m²。

📑 材料说明

断桥铝窗不像塑钢窗一样边框限定为乳白色，其既可制作成棕色的仿木纹材质，也保留铝合金材质的金属质感。在装饰性上，断桥铝窗可以更好地和住宅设计风格融为一体。

📄 用途说明

断桥铝窗适合用于追求设计感、艺术感的住宅空间。

5.7　全屋定制柜体价格

全屋定制柜体是家居设计中的新潮流，是全屋定制下面的一个分支。这类定制柜体包含定制橱柜、定制衣柜、定制鞋柜、定制酒柜、定制浴室柜等。

5.7.1　橱柜市场价格

橱柜是指厨房中存放厨具以及煮饭操作的平台，由五个部件组成，分别是柜体、门板、五金件、台面以及电器。定制橱柜的报价中，包含柜体、门板、五金件和台面四个部件，不含电器。定制橱柜若按照门板材质分类，可分为实木橱柜、烤漆橱柜、模压板橱柜和镜面树脂四种。

实木橱柜

烤漆橱柜

市场价格

实木橱柜每延米市价一般为 1800~3000 元。

烤漆橱柜每延米市价一般为 1350~2300 元。

⊗ 材料说明

实木橱柜的门板以及柜体均采用实木材质，是各类橱柜中用材质量最高的橱柜。实木橱柜具有纹理自然、坚固耐用、环保无污染等特点。

烤漆橱柜的柜体采用实木颗粒板或胶合板，柜门采用烤漆玻璃，色彩丰富多样，涵盖了白、灰、蓝、红、绿、棕等多种颜色。烤漆玻璃又有磨砂和镜面两种选择。

📄 用途说明

实木橱柜具有古典、高贵的质感，适合设计在美式、欧式、中式、法式等古典设计风格中。

烤漆玻璃具有时尚的现代质感，适合设计在现代、简约、北欧等风格家居中。

模压板橱柜

亚克力橱柜

📊 市场价格

模压板橱柜每延米市价一般为 950~1400 元。

亚克力橱柜每延米市价一般为 750~1000 元。

⊗ 材料说明

模压板橱柜是以中密度板为原材料的橱柜，因为中密度板具有较高的可塑性，门板可以制作多种造型，既可彰显时尚，又可还原复古。从外形上看，模压板橱柜和实木橱柜很相似，都为木制材料，但不同的是，模压板橱柜没有实木橱柜天然的木纹理和厚重感。

亚克力橱柜的特点是色彩丰富，具有良好的通透质感，表面耐擦洗，门板平整简洁。与其他类型的橱柜相比，亚克力橱柜门板的硬度要略差一些。

📖 **用途说明**

模压板橱柜的造型多变，质感时尚，适合设计在简欧、田园等设计风格中。

亚克力橱柜的造型简洁平整，适合设计在现代、简约等设计风格中。

5.7.2 衣柜市场价格

（1）定制衣柜

衣柜是收纳、存放衣物的柜体，通常以木制材料（实木、生态板、密度板、实木颗粒板）、不锈钢、钢化玻璃、五金配件为原材料，在内部制作出挂衣杆、裤架、拉篮、隔层等功能区。定制衣柜的柜门有平开门和推拉门两种，平开门多为木制板材，而推拉门则多为玻璃、百叶等门板。

常见的定制衣柜样式

221

🏛 市场价格

定制衣柜每平方米（投影面积）市价一般为 600~1000 元。

⊗ 材料说明

定制衣柜的柜体、门板材料可由客户自主选择，无论是纯实木板材，还是密度板等复合板材都可以选用，相比较传统衣柜，客户拥有了更多的决定权。另外，定制衣柜可根据户型量身定制，不浪费空间面积。至于设计样式，定制衣柜有多达数十种选择，可适应各种设计风格。

📄 用途说明

定制衣柜具有普适性，各类户型、各种设计风格都可采用定制衣柜。

（2）衣帽间

常见的衣帽间样式

🏛 市场价格

衣帽间每平方米（展开面积）市价一般为 280~860 元。

⊗ 材料说明

衣帽间与定制衣柜一样有着多样化的材料选择，只是衣帽间通常不需要柜门。衣帽间通常围绕着墙体建立，有时也将柜体作为隔墙，将衣帽间和卧室分隔开。

📄 用途说明

衣帽间需要面积较大的独立空间，因此适合设计在卧室内部或附近的独立空间中。

5.7.3　鞋柜市场价格

鞋柜是用来放置闲置鞋的柜体，通常设计在门口的位置。随着人们对鞋柜功能性的要求越来越高，鞋柜也发展出了悬挂衣物的功能，增加了放置钥匙、包、帽子的平台。对于一些空间较大的入户门厅，还会在鞋柜中设计座椅功能，方便换鞋。

📠 市场价格

鞋柜每平方米（投影面积）市价一般为 550~950 元。

📑 材料说明

鞋柜有着多种多样的款式和材质，例如木制鞋柜、电子鞋柜、消毒鞋柜等，款式各异，功能多样。

📄 用途说明

鞋柜适合设计在入户门厅附近，用于更换鞋、衣、帽、包等物品。

5.7.4　酒柜市场价格

酒柜是用来存放、展示酒的柜体，它以实木、密度板、复合板材等为原料，搭配五金配件制作而成。酒柜是各类定制柜体中制作工艺最为复杂的，在柜体内部设计有酒格、挂杯架等必备功能。

🗂 市场价格

酒柜每平方米（投影面积）市价一般为 850~1200 元。

◈ 材料说明

一个功能齐全的酒柜由地柜、酒格、挂杯架、吊柜、隔层组成。酒柜上既可摆放酒具，又可放置工艺品，增加酒柜的装饰性。

📄 用途说明

酒柜具有良好的装饰性，适合设计在餐厅中，或嵌入墙体，或紧贴墙面。

5.7.5 电视柜市场价格

电视柜是用于陈列摆放电视的一种长方形柜体，但随着时代的进步，电视机可悬挂在墙面，电视柜开始从实用性柜体向装饰性柜体转变，这就要求电视柜要具有美观、装饰性、多功能性等特点。在定制电视柜领域，它不仅指摆放在电视机下面的柜体，也包括了悬挂在电视墙上的柜体，因为这类柜体是统一的，并以组合柜的形式出现。

🗂 市场价格

电视柜每平方米（展开面积）市价一般为 230~450 元。

◈ 材料说明

电视柜多以实木颗粒板、密度板为原料，较少使用实木板。这是因为实木颗粒板、密度板可制作出各种造型，且性价比较高。若使用实木板，则会出现板材浪费的情况。

📄 用途说明

电视柜适合设计在悬挂有电视的空间，如客厅、卧室等。

5.7.6　浴室柜市场价格

浴室柜是卫生间安置洗手池、放置物品的柜子。其台面通常为天然石材、人造石材，柜体为实木、密度板、防火板，柜门为模压板、玻璃、金属等材质。

常见的浴室柜样式

📑 市场价格

浴室柜每平方米（展开面积）市价一般为 360~550 元。

⬡ 材料说明

浴室柜使用的材料普遍具有防潮、防水性能，并且在安装时，与地面均保持 200mm 以上的距离，以免地面浸水时，泡到浴室柜。

浴室柜主要应用在卫生间、淋浴间、阳台等处。

5.7.7 储物柜市场价格

储物柜是存放杂物和不常用物品的柜体，是住宅中必不可少的一类柜体。例如，住宅内的吊柜、阳台柜等都属于储物柜。储物柜和衣柜、鞋柜、酒柜等柜体的主要区别体现在柜体内部空间的划分上。储物柜的内部空间较大，分隔较少，深度较深，以便存放大件的物品。

常见的储物柜样式

📗 市场价格

储物柜每平方米（投影面积）市价一般为 450~850 元。

◈ 材料说明

储物柜多以实木颗粒板为柜体材料，模压板为柜门材料。这样制作出来的储物柜，具有较高的性价比，同时可满足储物柜所需要的实用性。

📖 用途说明

储物柜用于存放杂物，因此适合设计在阳台或室内的独立储物间中。

5.8 设备价格

地暖、中央空调和新风系统是住宅装修中的"三大件",属于重要的功能性主材。地暖为住宅空间提供热能,中央空调主要起到调节室温的作用,而新风系统则主要为室内更换新鲜的空气。这三种设备的作用各不相同,各司其职。地暖主要安装在地面,而中央空调和新风系统安装在吊顶中。在市场价格上,地暖的价格是最高的,其次是中央空调,最后是新风系统。

5.8.1 地暖市场价格

(1)电地暖

电地暖是将外表允许工作温度上限为65℃的发热电缆埋设地板中,以发热电缆为热源加热地板或瓷砖,以温控器控制室温或地面温度,实现地面辐射供暖的供暖方式,有舒适、节能、环保、灵活、免维护等优点。

电地暖

市场价格

电地暖市价一般为 140~320 元 /m²。

材料说明

电地暖以发热电缆为发热体,用以铺设在各种地板、瓷砖、大理石等地面材料下，再配上智能温控器系统，使其形成隐蔽式的地面供暖系统。

📄 用途说明

电地暖铺设在地面用于室内供暖。

（2）水地暖

水地暖是以温度不高于 60℃ 的热水为热媒，在埋置于地面以下填充层中的加热管内循环流动，加热整个地板，通过地面以辐射和对流的热传递方式向室内供热的一种供暖方式。

水地暖

🗺 市场价格

水地暖市价一般为 80~160 元 /m^2。

◈ 材料说明

水地暖通常由热源设备、采暖主管道、分集水器、温控系统、地面结构层等组成。其中地面结构层又分为保温板（挤塑板或苯板）、反射膜、地暖卡钉、钢丝网、边界保温条、不锈钢软管、球阀、弯头、直接等辅助材料。

📄 用途说明

水地暖铺设在地面用于室内供暖。

5.8.2 中央空调市场价格

中央空调是室内空气、温度的调节系统，由一个或多个冷热源系统和多个空气调节系统组成。中央空调采用液体气化制冷的原理为空气调节系统提供所需冷量，用以抵消室内环境的热负荷；制热系统为空气调节系统提供所需热量，用以抵消室内环境冷

中央空调

负荷。冷热源系统中，制冷系统是中央空调至关重要的部分，其采用种类、运行方式、结构形式等直接影响了中央空调在运行中的经济性、高效性、合理性。

市场价格

中央空调市价一般为 350~600 元 /m²。

材料说明

中央空调由压缩机、冷凝器、节流装置以及蒸发器等部件组成。室内中央空调通常用一个外机连接多个内机，也就是俗称的"一拖三""一拖四"。一般外机拖带的内机越多，市场价格越高。

用途说明

中央空调安装在吊顶中用于室内温度和空气的调节。

5.8.3 新风系统市场价格

新风系统是由送风系统和排风系统组成的一套独立的空气处理系统。它分为管道式新风系统和无管道新风系统两种。管道式新风系统由新风机和管道配件组成，通过新风机净化室外空气导入室内，通过管道将室内空气排出；无管道新风系统由新风机组

新风系统

成，同样由新风机净化室外空气导入室内。相对来说，管道式新风系统由于工程量大更适合工业或者大面积办公区使用，而无管道新风系统因为安装方便，更适合家庭使用。

市场价格

新风系统市价一般为 150~280 元 /m²。

材料说明

新风系统分为单向流新风系统、双向流新风系统、双向全热交换新风系统三种。其中，双向流新风系统和双向全热交换新风系统是对单向流新风系统的补充，在功能上更完善，送排风效果更好。

用途说明

新风系统安装在吊顶中用于室内温度和空气的调节。

6

第六章
常见户型的装修价格

在设计师完成深化设计后，要针对不同施工项
目进行工程量的计算，再根据不同项目的工价对整
个施工项目的价格进行计算，整理出不同施工项目
所需要的预算。

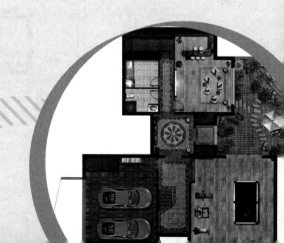

 # 6.1 公寓、一居室户型装修价格

公寓和一居室的户型具有一定的相似性，面积通常在 35~60m² 之间，拥有一间独立卫生间、厨房、客厅及卧室或者客卧一体。其公共区域地面多为木地板，卫生间和厨房多采用地砖，墙面涂刷乳胶漆或壁纸，电视背景墙设计简洁的造型。由于公寓户型的层高普遍不高，因此顶面只采用小面积的吊顶，以减少层高带来的压抑感，同时也能节省开支。

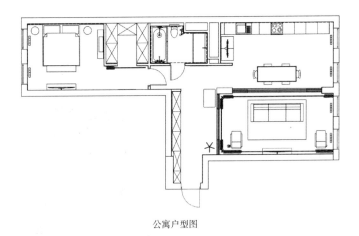

公寓户型图

6.1.1　客卧一体空间装修价格

客卧一体空间是指公寓户型中，除去卫生间和厨房之外的所有空间。此空间兼具卧室、客厅和餐厅等多种功能，面积一般为 25~40m²。具体装修价格预算表如下所示。

编号	施工项目名称	主材及辅材	单位	工程量	单价/元	合计/元	备注说明
1	顶面吊顶（平面、四凸、拱形）	家装专用50轻钢龙骨、品牌石膏板、局部木龙骨	m²	15	140	2100	共享空间吊顶超出3m，高空作业费加45元/m²
2	窗帘盒安制	细木工板基层、石膏板、工具、人工	m	4	50	200	—
3	地面水泥砂浆垫高找平	P.O.32.5等级水泥、黄沙、人工、5cm以内	m²	25	27	675	每增高1cm，加材料费及人工费4元/m²
4	木地板及铺装	实木复合地板、面层铺设、含卡件、螺丝钉	m²	25	268	6700	主材单价按客户选定的品牌型号定价；辅材及铺装费为68元
5	配套踢脚线	木地板配套踢脚线（配套安装）	m	22	29	638	根据具体木材品种定价
6	墙顶面乳胶漆	环保乳胶漆、现配环保腻子三批三度、专用底涂	m²	88	40	3520	批涂加3元/m²，彩涂加5元/m²，喷涂加3元/m²

续表

编号	施工项目名称	主材及辅材	单位	工程量	单价/元	合计/元	备注说明
7	电视墙面造型	细木工板基层、石膏板、工具、人工	项	1	2350	2350	造型墙不含石材、金属、玻璃等材料
8	衣帽柜	定制柜体、实木颗粒板、推拉门、五金配件	m²	7.8	750	5850	由客户选定品牌及样式
9	鞋柜	定制柜体、实木颗粒板、五金配件	m²	1.2	550	660	由客户选定品牌及样式
10	双人床	成品家具，尺寸1800mm×2000mm，床头柜	张	1	1850	1850	由客户选定品牌及样式
11	沙发	成品家具、双人座沙发、茶几	套	1	2400	2400	由客户选定品牌及样式
12	餐桌	成品家具、双人座餐桌、餐椅	套	1	1680	1680	由客户选定品牌及样式
13	电视柜	成品家具、电视柜	个	1	850	850	由客户选定品牌及样式
14	装修费用					29473	—

6.1.2 厨房装修价格

公寓户型的厨房通常为敞开式的，整体呈狭长的形状，橱柜长度较短，空间面积一般为 6~10m²。具体装修价格预算表如下所示。

编号	施工项目名称	主材及辅材	单位	工程量	单价/元	合计/元	备注说明
1	顶面集成板及安装	300mm×300mm 覆膜扣板（配灯具，暖风另计），轻钢龙骨、人工、辅料（配套安装）	m²	6	103	618	主材单价根据客户选定的型号定价
2	顶角卡口线条及安装	收边线白色/银色	m	10	28	280	主材单价根据客户选定的型号定价
3	地面水泥砂浆垫高找平	P.O.32.5 等级水泥、黄沙、人工、5cm 以内	m²	6	27	162	每增高 1cm，加材料费及人工费 4 元 /m²
4	地面砖及铺贴	300mm×300mm 地面砖（按选定的品牌、型号定价），P.O.32.5 等级水泥、黄沙、人工	m²	6	178	1068	斜贴、套色人工费另加 20 元 /m²，小砖另计
5	墙面砖及铺贴	300mm×450mm 墙面砖（按选定的品牌、型号定价），P.O.32.5 等级水泥、黄沙、人工	m²	25	136	3400	斜贴、套色人工费另加 20 元 /m²，小砖另计

编号	施工项目名称	主材及辅材	单位	工程量	单价/元	合计/元	备注说明
6	橱柜	定制整体橱柜，含吊柜、地柜、石材台面	延米	3	1680	5040	由客户选定品牌及样式
7	厨房不锈钢水槽及水龙头安装	普通型、防霉硅胶、人工（不含主材）	套	1	80	80	—
8	装修费用					10648	—

6.1.3 卫生间装修价格

公寓户型的卫生间多为独立式的，空间通常较为方正，面积一般为 6~12m²。具体装修价格预算表如下所示。

编号	施工项目名称	主材及辅材	单位	工程量	单价/元	合计/元	备注说明
1	顶面集成板及安装	300mm×300mm 覆膜扣板（配灯具、暖风另计），轻钢龙骨、人工、辅料（配套安装）	m²	6	103	618	主材单价根据客户选定的型号定价
2	顶角卡口线条及安装	收边线白色/银色	m	10	28	280	主材单价根据客户选定的型号定价
3	地面水泥砂浆垫高找平	P.O.32.5 等级水泥、黄沙、人工、5cm 以内	m²	6	27	162	每增高 1cm，加材料费及人工费 4 元/m²

续表

编号	施工项目名称	主材及辅材	单位	工程量	单价/元	合计/元	备注说明
4	地面砖及铺贴	300mm×300mm地面砖（按选定的品牌、型号定价）、P.O.32.5等级水泥、黄沙、人工	m²	6	178	1068	斜贴、套色人工费另加20元/m²，小砖另计
5	墙面砖及铺贴	300mm×450mm墙面砖（按选定的品牌、型号定价）、P.O.32.5等级水泥、黄沙、人工	m²	25	136	3400	斜贴、套色人工费另加20元/m²，小砖另计
6	地面防水	防水浆料、防水高度沿墙面上翻30cm（含淋浴房后面）	m²	11	60	660	涂刷浴缸、淋浴房墙面不得低于1.8m高
7	洗面盆及浴室柜	成品家具、洗面盆、浴室柜	套	1	960	960	由客户选定品牌及样式
8	坐便器	成品家具、虹吸式坐便器	个	1	1240	1240	由客户选定品牌及样式
9	淋浴房	成品家具、淋浴屏	项	1	580	580	由客户选定品牌及样式
10	套装门	实木复合门、门套、门五金	樘	1	1650	1650	由客户选定品牌及样式
11	装修费用					10618	—

6.1.4　公寓户型装修总价格

公寓户型的装修总价格由前面各空间的装修费用和水电隐蔽工程费用组成。具体装修总价格预算表如下所示。

编号	施工项目名称	主材及辅材	单位	工程量	单价/元	合计/元	备注说明
1	客卧一体空间	—	项	1	29473	29473	—
2	厨房	—	项	1	10648	10648	—
3	卫生间	—	项	1	10618	10618	—
4	水电隐蔽工程	水管、电线、配件、工具、人工	m²	38	95	3610	水电初步估价局部改造约95元/m²，全部重做估价约115元/m²
5	装修费用					54349	—

6.2 两居、三居、四居室户型装修价格

两居室、三居室和四居室是大部分业主更加喜好的选择，其中以三居室户型最具代表性。之所以说三居室户型具有代表性，是因为其减少一个卧室和卫生间就是两居室户型的装修价格，增加一个卧室就是四居室户型的装修价格。若按照装修预算项目划分，则可分为客餐厅空间、卧室空间、卫生间空间、厨房空间和阳台空间五部分。三居室户型的面积通常在 115~145m^2 之间，客餐厅和主卧室的面积较大，其余空间的面积和两居室内的空间面积基本一致。

三居室户型图

6.2.1 客餐厅装修价格

三居室户型中客餐厅的面积一般为 50~60m²，其中包含了过道的面积，因为过道的装修内容和客餐厅是一体的，全部属于公共空间。具体装修价格预算表如下所示。

编号	施工项目名称	主材及辅材	单位	工程量	单价/元	合计/元	备注说明
1	顶面吊顶（平面、凹凸、拱形）	家装专用50轻钢龙骨、品牌石膏板、局部木龙骨	m²	60	140	8400	共享空间吊顶超出3m，高空作业费加45元/m²
2	窗帘盒安制	细木工板基层、石膏板、工具、人工	m	5	50	250	—
3	地面水泥砂浆垫高找平	P.O.32.5 等级水泥、黄沙、人工、5cm 以内	m²	55	27	1485	每增高1cm，加材料费及人工费4元/m²
4	抛光地砖及铺设	800mm×800mm抛光地砖（按品牌、型号定价）、P.O.32.5 等级水泥、黄沙、人工	m²	55	198	10890	主材单价按客户选定的品牌型号定价
5	抛光地砖踢脚线及铺设	抛光砖、P.O.32.5 等级水泥、黄沙、人工	m	49	45	2205	主材单价按客户选定的品牌型号定价

续表

编号	施工项目名称	主材及辅材	单位	工程量	单价/元	合计/元	备注说明
6	墙顶面乳胶漆	环保乳胶漆、现配环保腻子三批三度、专用底涂	m²	179	40	7160	批涂加3元/m²，彩涂加5元/m²，喷涂加3元/m²
7	电视墙面造型	细木工板基层、石膏板、工具、人工	项	1	5300	5300	造型墙样式由客户选定
8	餐厅墙造型	细木工板基层、石膏板、工具、人工	项	1	2860	2860	造型墙样式由客户选定
9	鞋柜（含挂衣柜）	定制柜体、实木颗粒板、五金配件	m²	4.1	550	2255	由客户选定品牌及样式
10	酒柜	定制柜体、实木颗粒板、五金配件	m²	3.6	850	3060	由客户选定品牌及样式
11	组合沙发	成品家具、三人座沙发加双人座沙发加单人座沙发、茶几、角几	套	1	7280	7280	由客户选定品牌及样式
12	餐桌椅	成品家具、六人座餐桌、餐椅	套	1	4630	4630	由客户选定品牌及样式
13	电视柜	成品家具、电视柜	个	1	1160	1160	由客户选定品牌及样式
14	装修费用				56935		—

6.2.2 卧室装修价格

三居室户型中卧室的面积一般为 $16\sim28m^2$，主卧室的面积最大，儿童房和客卧的面积次之。此处列举一个卧室的装修费用供读者参考，具体装修价格预算表如下所示。

编号	施工项目名称	主材及辅材	单位	工程量	单价/元	合计/元	备注说明
1	顶面吊顶（平面、凹凸、拱形）	家装专用50轻钢龙骨、品牌石膏板、局部木龙骨	m^2	13.5	140	1890	共享空间吊顶超出3m，高空作业费加45元/m^2
2	窗帘盒安制	细木工板基层、石膏板、工具、人工	m	3.6	50	180	—
3	地面水泥砂浆垫高找平	P.O.32.5等级水泥、黄沙、人工、5cm以内	m^2	21	27	567	每增高1cm，加材料费及人工费4元/m^2
4	木地板及铺装	实木复合地板、面层铺设、卡件、螺丝钉	m^2	21	268	5628	主材单价按客户选定的品牌型号定价；辅材及铺装费为68元/m^2
5	配套踢脚线	木地板配套踢脚线（配套安装）	m	10	29	290	根据具体木材品种定价

续表

编号	施工项目名称	主材及辅材	单位	工程量	单价/元	合计/元	备注说明
6	墙顶面乳胶漆	环保乳胶漆、现配环保腻子三批三度，专用底涂	m²	48	40	1920	批涂加3元/m²，彩涂加5元/m²，喷涂加3元/m²
7	床头墙面造型	细木工板基层、石膏板、工具、人工	项	1	1890	1890	造型墙不含石材、金属、玻璃等材料
8	衣帽柜	定制柜体、实木颗粒板、推拉门、五金配件	m²	5.6	750	4200	由客户选定品牌及样式
9	飘窗石材	天然大理石、P.O. 32.5等级水泥、黄沙、人工	m²	1.6	370	592	默认为天然大理石，也可选用人造大理石
10	套装门	实木复合门、门套、门五金	樘	1	2250	2250	由客户选定品牌及样式
11	双人床	成品家具、尺寸1800mm×2000mm、床头柜	张	1	2700	2700	由客户选定品牌及样式
12	装修费用					22107	—

6.2.3 厨房装修价格

三居室户型中厨房的面积一般为 8~15m²。一般面积较小的厨房多为长方形，面积较大的厨房偏近于正方形。具体装修价格预算表如下所示。

编号	施工项目名称	主材及辅材	单位	工程量	单价/元	合计/元	备注说明
1	顶面集成板及安装	300mm×300mm覆膜扣板（配灯具、暖风另计），轻钢龙骨、人工、辅料（配套安装）	m²	10	103	1030	主材单价根据客户选定的型号定价
2	顶角卡口线条及安装	收边线（白色/银色）	m	15	28	420	主材单价根据客户选定的型号定价
3	地面水泥砂浆垫高找平	P.O.32.5 等级水泥、黄沙、人工、5cm 以内	m²	10	27	270	每增高1cm，加材料费及人工费4元/m²
4	地面砖及铺贴	300mm×300mm地面砖（按选定的品牌、型号定价），P.O.32.5 等级水泥、黄沙、人工	m²	10	178	1780	斜贴、套色人工费另加20元/m²，小砖另计
5	墙面砖及铺贴	300mm×450mm墙面砖（按选定的品牌、型号定价），P.O.32.5 等级水泥、黄沙、人工	m²	38	136	5168	斜贴、套色人工费另加20元/m²，小砖另计

续表

编号	施工项目名称	主材及辅材	单位	工程量	单价/元	合计/元	备注说明
6	橱柜	定制整体橱柜，含吊柜、地柜、石材台面	延米	4.3	1680	7224	由客户选定品牌及样式
7	厨房不锈钢水槽及水龙头安装	普通型、防霉硅胶、人工（不含主材）	套	1	80	80	—
8	推拉门	玻璃推拉门、不锈钢边框	m²	4.3	470	2021	由客户选定品牌及样式
9		装修费用				17993	—

6.2.4 卫生间装修价格

三居室户型中卫生间的面积一般为 6~10m²，其中主卧卫生间的面积相较于客用卫生间要小一些。此处列举一个卫生间的装修费用供读者参考，具体装修价格预算表如下所示。

编号	施工项目名称	主材及辅材	单位	工程量	单价/元	合计/元	备注说明
1	顶面集成板及安装	300mm×300mm覆膜扣板（配灯具，暖风另计），轻钢龙骨、人工、辅料（配套安装）	m²	8	103	824	主材单价根据客户选定的型号定价

续表

编号	施工项目名称	主材及辅材	单位	工程量	单价/元	合计/元	备注说明
2	顶角卡口线条及安装	收边线（白色/银色）	m	13	28	362	主材单价根据客户选定的型号定价
3	地面水泥砂浆垫高找平	P.O.32.5等级水泥、黄沙、人工、5cm以内	m²	8	27	216	每增高1cm，加材料费及人工费4元/m²
4	地面砖及铺贴	300mm×300mm地面砖（按选定的品牌、型号定价），P.O.32.5等级水泥、黄沙、人工	m²	8	178	1424	斜贴、套色人工费另加20元/m²，小砖另计
5	墙面砖及铺贴	300mm×450mm墙面砖（按选定的品牌、型号定价），P.O.32.5等级水泥、黄沙、人工	m²	34	136	4624	斜贴、套色人工费另加20元/m²，小砖另计
6	地面防水	防水浆料、防水高度沿墙面上翻30cm（含淋浴房后面）	m²	13.5	60	810	涂刷浴缸、淋浴房墙面不得低于1.8m高
7	洗面盆及浴室柜	成品家具、洗面盆、浴室柜	套	1	960	960	由客户选定品牌及样式
8	坐便器	成品家具、虹吸式坐便器	个	1	1240	1240	由客户选定品牌及样式

续表

编号	施工项目名称	主材及辅材	单位	工程量	单价/元	合计/元	备注说明
9	淋浴房	成品家具、淋浴屏样式	项	1	890	890	由客户选定品牌及样式
10	套装门	实木复合门、门套、门五金	樘	1	1650	1650	由客户选定品牌及样式
11	装修费用					13000	—

6.2.5 阳台装修价格

三居室中单个阳台的面积一般为 5~8m²。通常为两处阳台，分别是紧邻客厅的景观阳台和紧邻厨房的生活阳台。此处列举一个阳台的装修费用供读者参考，具体装修价格预算表如下所示。

编号	施工项目名称	主材及辅材	单位	工程量	单价/元	合计/元	备注说明
1	顶面集成板及安装	300mm×300mm 覆膜扣板（配灯具，暖风另计），轻钢龙骨、人工、辅料（配套安装）	m²	5	103	515	主材单价根据客户选定的型号定价
2	顶角卡口线条及安装	收边线（白色/银色）	m	11	28	308	主材单价根据客户选定的型号定价

装修预算随身查

续表

编号	施工项目名称	主材及辅材	单位	工程量	单价/元	合计/元	备注说明
3	地面水泥砂浆垫高找平	P.O.32.5 等级水泥、黄沙、人工、5cm 以内	m²	5	27	135	每增高 1cm，加材料费及人工费 4 元 /m²
4	地面砖及铺贴	300mm×300mm 地面砖（按选定的品牌、型号定价），P.O.32.5 等级水泥、黄沙、人工	m²	5	138	690	斜贴、套色人工费另加 20 元 /m²，小砖另计
5	地砖踢脚线及铺设	抛光砖、P.O.32.5 等级水泥、黄沙、人工	m	11	45	495	主材单价按客户选定的品牌型号定价
6	墙面乳胶漆	环保乳胶漆、现配环保腻子三批三度，专用底涂	m²	25	40	1000	批涂加 3 元 /m²，彩涂加 5 元 /m²，喷涂加 3 元 /m²
7	地面防水	防水浆料、防水高度沿墙面上翻 30cm（含淋浴房后面）	m²	8	60	480	涂刷浴缸、淋浴房墙面不得低于 1.8m 高
8	推拉门	玻璃推拉门、不锈钢边框	m²	7.5	470	3525	由客户选定品牌及样式
9	装修费用					7148	—

6.2.6 三居室户型装修总价格

三居室户型的装修总价格由前面各空间的装修费用和水电隐蔽工程费用组成。具体装修总价格预算表如下所示。

编号	施工项目名称	主材及辅材	单位	工程量	单价/元	合计/元	备注说明
1	客餐厅	-	项	1	56935	56935	-
2	卧室	-	项	3	22107	66321	-
3	厨房	-	项	1	17993	17993	-
4	卫生间	-	项	2	13000	26000	-
5	阳台	-	项	2	7148	14296	-
6	水电隐蔽工程	水管、电线、配件、工具、人工	m²	135	95	12825	水电初步估价局部改造约95元/m²，全部重做估价约115元/m²
7	装修费用					194370	-

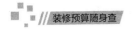

 # 6.3 复式、跃层户型装修价格

  复式和跃层均可以称为双层式住宅。楼上和楼下两层空间由室内楼梯连接，户型内具备客厅、餐厅、卧室、厨房、卫生间、阳台和楼梯间等功能空间。复式户型在面积上较跃层小，层高较跃层低，不像跃层一样楼上空间是完整完备的。一套跃层户型面积通常在 145~280m² 之间，至少有四个卧室、一个客餐厅、一个厨房、两个卫生间、两个阳台、一个入户门厅和一个敞开式书房。

复式上层　　　　　　　　　　　复式下层

典型的复式户型图

6.3.1　一层客餐厅及过道装修价格

跃层户型中一层客餐厅及过道的面积一般为 50~66m²。客厅部分通常设计为挑空式结构，因此层高比传统的三居室客厅高出约两倍。具体装修价格预算表如下所示。

编号	施工项目名称	主材及辅材	单位	工程量	单价/元	合计/元	备注说明
1	顶面吊顶（平面、凹凸、拱形）	家装专用50轻钢龙骨、品牌石膏板、局部木龙骨	m²	73	140	10220	共享空间吊顶超出 3m，高空作业费加 45 元/m²
2	窗帘盒安制	细木工板基层、石膏板、工具、人工	m	5.2	50	275	—
3	地面水泥砂浆垫高找平	P.O.32.5 等级水泥、黄沙、人工、5cm 以内	m²	60	27	1620	每增高 1cm，加材料费及人工费 4 元/m²
4	抛光地砖及铺设	800mm×800mm 抛光地砖（按品牌、型号定价），P.O.32.5 等级水泥、黄沙、人工	m²	60	198	11880	主材单价按客户选定的品牌型号定价
5	抛光地砖踢脚线及铺设	抛光砖、P.O.32.5 等级水泥、黄沙、人工	m	55	45	2475	主材单价按客户选定的品牌型号定价

编号	施工项目名称	主材及辅材	单位	工程量	单价/元	合计/元	备注说明
6	墙顶面乳胶漆（含挑空层）	环保乳胶漆、现配环保腻子三批三度，专用底涂	m²	258	40	10320	批涂加3元/m²，彩涂加5元/m²，喷涂加3元/m²
7	电视墙面造型	细木工板基层、石膏板、工具、人工	项	1	7360	7360	造型墙样式由客户选定
8	餐厅墙造型	细木工板基层、石膏板、工具、人工	项	1	3100	3100	造型墙样式由客户选定
9	鞋柜（含挂衣柜）	定制柜体、实木颗粒板、五金配件	m²	6.2	550	3410	由客户选定品牌及样式
10	酒柜	定制柜体、实木颗粒板、五金配件	m²	3.8	850	3230	由客户选定品牌及样式
11	组合沙发	成品家具、三人座沙发加双人座沙发加单人座沙发、茶几、角几	套	1	7280	7280	由客户选定品牌及样式
12	餐桌椅	成品家具、六人座餐桌、餐椅	套	1	4630	4630	由客户选定品牌及样式
13	电视柜	成品家具、电视柜	个	1	1160	1160	由客户选定品牌及样式
14	装修费用					66960	—

6.3.2　一二层卧室装修价格

跃层户型中单个卧室的面积一般为 16~28m^2，分布情况通常为楼下两个、楼上两个。楼上两个卧室分别是主卧室和儿童房，楼下两个卧室分别是老人房和客房。此处列举一个卧室的装修费用供读者参考。具体装修价格预算表如下所示。

编号	施工项目名称	主材及辅材	单位	工程量	单价/元	合计/元	备注说明
1	顶面吊顶（平面、凹凸、拱形）	家装专用50轻钢龙骨、品牌石膏板、局部木龙骨	m^2	14	140	1960	共享空间吊顶超出3m，高空作业费加45元/m^2
2	窗帘盒安制	细木工板基层、石膏板、工具、人工	m	4.2	50	210	—
3	地面水泥砂浆垫高找平	P.O.32.5等级水泥、黄沙、人工、5cm以内	m^2	23	27	621	每增高1cm，加材料费及人工费4元/m^2
4	木地板及铺装	实木复合地板、面层铺设、卡件、螺丝钉	m^2	23	268	6164	主材单价按客户选定的品牌型号定价；辅材及装装费为68元/m^2
5	配套踢脚线	木地板配套踢脚线（配套安装）	m	19	29	551	根据具体木材品种定价

续表

编号	施工项目名称	主材及辅材	单位	工程量	单价/元	合计/元	备注说明
6	墙顶面乳胶漆	环保乳胶漆、现配环保腻子三批三度，专用底涂	m²	75	40	3000	批涂加3元/m²，彩涂加5元/m²，喷涂加3元/m²
7	床头墙面造型	细木工板基层、石膏板、工具、人工	项	1	1890	1890	造型墙不含石材、金属、玻璃等材料
8	衣帽柜	定制柜体、实木颗粒板、推拉门、五金配件	m²	5.6	750	4200	由客户选定品牌及样式
9	飘窗石材	天然大理石、P.O.32.5等级水泥、黄沙、人工	m²	1.6	370	592	默认为天然大理石，也可选用人造大理石
10	套装门	实木复合门、门套、门五金	樘	1	2250	2250	由客户选定品牌及样式
11	双人床	成品家具，尺寸1800mm×2000mm，床头柜	张	1	2700	2700	由客户选定品牌及样式
12	装修费用					24138	—

6.3.3 一层厨房装修价格

跃层户型中厨房的面积一般为 9~16m²，设计在楼下，紧邻餐厅及客厅。厨房形状通常较为方正，有充足的操作空间。具体装修价格预算表如下所示。

编号	施工项目名称	主材及辅材	单位	工程量	单价/元	合计/元	备注说明
1	顶面集成板及安装	300mm×300mm 覆膜扣板（配灯具，暖风另计）、轻钢龙骨、人工、辅料（配套安装）	m²	12	103	1236	主材单价根据客户选定的型号定价
2	顶角卡口线条及安装	收边线（白色/银色）	m	16	28	448	主材单价根据客户选定的型号定价
3	地面水泥砂浆垫高找平	P.O.32.5 等级水泥、黄沙、人工、5cm 以内	m²	12	27	324	每增高 1cm，加材料费及人工费 4 元 /m²
4	地面砖及铺贴	300mm×300mm 地面砖（按选定的品牌、型号定价）、P.O.32.5 等级水泥、黄沙、人工	m²	12	178	2136	斜贴、套色人工费另加 20 元 /m²，小砖另计
5	墙面砖及铺贴	300mm×450mm 墙面砖（按选定的品牌、型号定价）、P.O.32.5 等级水泥、黄沙、人工	m²	40	136	5440	斜贴、套色人工费另加 20 元 /m²，小砖另计

续表

编号	施工项目名称	主材及辅材	单位	工程量	单价/元	合计/元	备注说明
6	橱柜	定制整体橱柜，含吊柜、地柜、石材台面	延米	4.8	1680	8064	由客户选定品牌及样式
7	厨房不锈钢水槽及水龙头安装	普通型、防霉硅胶、人工（不含主材）	套	1	80	80	—
8	推拉门	玻璃推拉门、不锈钢边框	m²	4.5	470	2115	由客户选定品牌及样式
9	装修费用					19843	—

6.3.4 一二层卫生间装修价格

跃层户型中单个卫生间的面积一般为6~12m²，分布方式为一层一个客卫生间，二层一个主卫生间。此处列举一个卫生间的装修费用供读者参考。具体装修价格预算表如下所示。

编号	施工项目名称	主材及辅材	单位	工程量	单价/元	合计/元	备注说明
1	顶面集成板及安装	300mm×300mm 覆膜扣板（配灯具、暖风另计）、轻钢龙骨、人工、辅料（配套安装）	m²	9	103	927	主材单价根据客户选定的型号定价
2	顶角卡口线条及安装	收边线（白色/银色）	m	14	28	392	主材单价根据客户选定的型号定价
3	地面水泥砂浆垫高找平	P.O.32.5 等级水泥、黄沙、人工、5cm 以内	m²	9	27	243	每增高1cm，加材料费及人工费4元/m²
4	地面砖及铺贴	300mm×300mm 地面砖（按选定的品牌、型号定价）、P.O.32.5 等级水泥、黄沙、人工	m²	9	178	1602	斜贴、套色人工费另加20元/m²，小砖另计
5	墙面砖及铺贴	300mm×450mm 墙面砖（按选定的品牌、型号定价）、P.O.32.5 等级水泥、黄沙、人工	m²	36	136	4896	斜贴、套色人工费另加20元/m²，小砖另计
6	地面防水	防水浆料、防水高度沿墙面上翻30cm（含淋浴房后面）	m²	15	60	900	涂刷浴缸、淋浴房墙面不得低于1.8m高

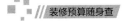

编号	施工项目名称	主材及辅材	单位	工程量	单价/元	合计/元	备注说明
7	洗面盆及浴室柜	成品家具、洗面盆、浴室柜	套	1	960	960	由客户选定品牌及样式
8	坐便器	成品家具、虹吸式坐便器	个	1	1240	1240	由客户选定品牌及样式
9	淋浴房	成品家具、淋浴屏	项	1	890	890	由客户选定品牌及样式
10	套装门	实木复合门、门套、门五金	樘	1	1650	1650	由客户选定品牌及样式
11		装修费用				13700	—

6.3.5 一二层阳台装修价格

跃层户型中单个阳台的面积一般为 6~10m²，分布方式为一层紧邻客厅位置为一处，二层紧邻主卧位置为一处。此处列举一个阳台的装修费用供读者参考。具体装修价格预算表如下所示。

编号	施工项目名称	主材及辅材	单位	工程量	单价/元	合计/元	备注说明
1	顶面集成板及安装	300mm×300mm覆膜扣板（配灯具，暖风另计），轻钢龙骨、人工、辅料（配套安装）	m²	7	103	721	主材单价根据客户选定的型号定价
2	顶角卡口线条及安装	收边线（白色/银色）	m	15	28	420	主材单价根据客户选定的型号定价
3	地面水泥砂浆垫高找平	P.O.32.5等级水泥、黄沙、人工、5cm以内	m²	7	27	189	每增高1cm，加材料费及人工费4元/m²
4	地面砖及铺贴	300mm×300mm地面砖（按选定的品牌、型号定价），P.O.32.5等级水泥、黄沙、人工	m²	7	138	966	斜贴、套色人工费另加20元/m²，小砖另计
5	地砖踢脚线及铺设	抛光砖、P.O.32.5等级水泥、黄沙、人工	m	15	45	675	主材单价按客户选定的品牌型号定价
6	墙面乳胶漆	环保乳胶漆、现配环保腻子三批三度，专用底涂	m²	32	40	1280	批涂加3元/m²，彩涂加5元/m²，喷涂加3元/m²
7	地面防水	防水浆料、防水高度沿墙面上翻30cm（含淋浴房后面）	m²	11.5	60	690	涂刷浴缸、淋浴房墙面不得低于1.8m高

续表

编号	施工项目名称	主材及辅材	单位	工程量	单价/元	合计/元	备注说明
8	推拉门	玻璃推拉门、不锈钢边框	m²	7.5	470	3525	由客户选定品牌及样式
9		装修费用				8466	—

6.3.6 二层敞开式书房装修价格

跃层户型中二层书房通常为敞开式的，包含过道空间，面积一般为8~14m²。具体装修价格预算表如下所示。

编号	施工项目名称	主材及辅材	单位	工程量	单价/元	合计/元	备注说明
1	顶面吊顶（平面、凹凸、拱形）	家装专用50轻钢龙骨、品牌石膏板、局部木龙骨	m²	8	140	1120	共享空间吊顶超出3m，高空作业费加45元/m²
2	窗帘盒安制	细木工板基层、石膏板、工具、人工	m	4.6	50	230	—
3	地面水泥砂浆垫高找平	P.O.32.5等级水泥、黄沙、人工、5cm以内	m²	10	27	270	每增高1cm，加材料费及人工费4元/m²

续表

编号	施工项目名称	主材及辅材	单位	工程量	单价/元	合计/元	备注说明
4	地面抛光地砖及铺设	800mm×800mm抛光地砖（按品牌、型号定价），P.O.32.5等级水泥、黄沙、人工	m²	10	198	1980	主材单价按客户选定的品牌型号定价
5	抛光地砖踢脚线及铺设	抛光砖、P.O.32.5等级水泥、黄沙、人工	m	19	45	855	主材单价按客户选定的品牌型号定价
6	墙顶面乳胶漆（含挑空层）	环保乳胶漆、现配环保腻子三批三度，专用底涂	m²	62	40	2480	批涂加3元/m²，彩涂加5元/m²，喷涂加3元/m²
7	书柜	定制柜体、实木颗粒板、五金配件	m²	8.9	830	7387	由客户选定品牌及样式
8	装修费用					14322	—

6.3.7 楼梯间装修价格

跃层户型中楼梯间是连通上下层的过道，楼梯通常采用扶梯的样式，面积一般为 6~8m²。具体装修价格预算表如下所示。

261

编号	施工项目名称	主材及辅材	单位	工程量	单价/元	合计/元	备注说明
1	顶面吊顶（平面、凹凸、拱形）	家装专用50轻钢龙骨、品牌石膏板、局部木龙骨	m²	5.5	140	770	共享空间吊顶超出3m，高空作业费加45元/m²
2	地面水泥砂浆垫高找平	P.O.32.5等级水泥、黄沙、人工、5cm以内	m²	6	27	162	每增高1cm，加材料费及人工费4元/m²
3	地面抛光地砖及铺设	800mm×800mm抛光地砖（按品牌、型号定价）、P.O.32.5等级水泥、黄沙、人工	m²	6	198	1188	主材单价按客户选定的品牌型号定价
4	抛光地砖踢脚线及铺设	抛光砖、P.O.32.5等级水泥、黄沙、人工	m	9	45	405	主材单价按客户选定的品牌型号定价
5	墙顶面乳胶漆（含挑空层）	环保乳胶漆、现配环保腻子三批三度、专用底涂	m²	55	40	2200	批涂加3元/m²，彩涂加5元/m²，喷涂加3元/m²
6	楼梯	定制木制楼梯、实木踏步	步	14	460	6440	由客户选定品牌及样式
7		装修费用				11165	—

6.3.8 一层入户门厅装修价格

跃层户型通常拥有独立的入户门厅，面积一般为 4~8m²，装修预算项目与客餐厅相似。具体装修价格预算表如下所示。

编号	施工项目名称	主材及辅材	单位	工程量	单价/元	合计/元	备注说明
1	顶面吊顶（平面、凹凸、拱形）	家装专用50轻钢龙骨、品牌石膏板、局部木龙骨	m²	4.5	140	630	共享空间吊顶超出3m，高空作业费加45元/m²
2	地面水泥砂浆垫高找平	P.O.32.5等级水泥、黄沙、人工、5cm以内	m²	5	27	135	每增高1cm，加材料费及人工费4元/m²
3	地面抛光地砖及铺设	800mm×800mm抛光地砖（按品牌、型号定价），P.O.325等级水泥、黄沙、人工	m²	5	198	990	主材单价按客户选定的品牌型号定价
4	抛光地砖踢脚线及铺设	抛光砖、P.O.32.5等级水泥、黄沙、人工	m	10	45	450	主材单价按客户选定的品牌型号定价
5	墙顶面乳胶漆（含挑空层）	环保乳胶漆、现配环保腻子三批三度、专用底涂	m²	32	40	1280	批涂加3元/m²，彩涂加5元/m²，喷涂加3元/m²
6	鞋柜	定制柜体、实木颗粒板、五金配件	m²	6.3	550	3465	由客户选定品牌及样式
7	装修费用					6950	—

6.3.9 跃层户型装修总价格

跃层户型的装修总价格由前面各空间的装修费用和水电隐蔽工程费用组成。具体装修总价格预算表如下所示。

编号	施工项目名称	主材及辅材	单位	工程量	单价/元	合计/元	备注说明
1	一层客餐厅	–	项	1	66960	66960	–
2	一二层卧室	–	项	4	24138	96552	–
3	一层厨房	–	项	1	19843	19843	–
4	一二层卫生间	–	项	2	13700	27400	–
5	一二层阳台	–	项	2	8466	16932	–
6	二层敞开式书房	–	项	1	14322	14322	–
7	楼梯间	–	项	1	11165	11165	–
8	一层入户门厅	–	项	1	6950	6950	–
9	水电隐蔽工程	水管、电线、配件、工具、人工	m²	155	95	14725	水电初步估价局部改造约95元/m²，全部重做估价约115元/m²
10	装修费用					274849	–

6.4 别墅户型装修价格

　　别墅户型多为三层到四层，每层的功能区和侧重点不同。因此，别墅户型的预算应分层计算，然后再相加得出总的装修价格。一套别墅户型面积通常在 300~540m² 之间，面积较大，因此为了便于理解装修预算，应先分层，再划空间，然后相加得出总的装修价格。

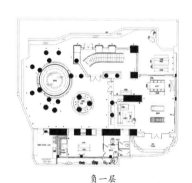

负一层

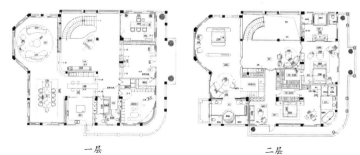

一层　　　　　　　　　　　　　二层

典型的别墅户型图

6.4.1 地下一层车库装修价格

别墅户型中车库的面积一般为 50~60m²，装修预算项目与其他空间有较大不同，通常不设计吊顶，地面不使用瓷砖等。具体装修价格预算表如下所示。

编号	施工项目名称	主材及辅材	单位	工程量	单价/元	合计/元	备注说明
1	地面打磨	打磨工具、人工	m²	50	18	900	增加地面的毛糙度，以便环氧地坪漆与地面很好地黏结
2	环氧树脂地坪	环氧树脂、固化剂、稀释剂、溶剂、分散剂、消泡剂	m²	50	55	2750	主材单价按客户选定的品牌型号定价
3	墙顶面乳胶漆（含挑空层）	环保乳胶漆、现配环保腻子三批三度，专用底涂	m²	128	40	5120	批涂加 3 元 /m²，彩涂加 5 元 /m²，喷涂加 3 元 /m²
4	套装门（进户）	实木复合门、门套、门五金	樘	1	1850	1850	由客户选定品牌及样式
5	装修费用					10620	—

6.4.2　地下一层娱乐室装修价格

别墅户型中娱乐室的面积一般为 40~60m²，其兼具娱乐和健身房功能。具体装修价格预算表如下所示。

编号	施工项目名称	主材及辅材	单位	工程量	单价/元	合计/元	备注说明
1	顶面吊顶（平面、凹凸、拱形）	家装专用50轻钢龙骨、品牌石膏板、局部木龙骨	m²	38	140	5320	共享空间吊顶超出3m，高空作业费加45元/m²
2	地面水泥砂浆垫高找平	P.O.32.5等级水泥、黄沙、人工、5cm以内	m²	40	27	1080	每增高1cm，加材料费及人工费4元/m²
3	木地板及铺装	实木复合地板、面层铺设、卡件、螺丝钉	m²	40	268	10720	主材单价按客户选定的品牌型号定价，辅材及铺装费为68元/m²
4	配套踢脚线	木地板配套踢脚线（配套安装）	m	28	29	812	根据具体木材品种定价
5	墙顶面乳胶漆	环保乳胶漆、现配环保腻子三批三度、专用底涂	m²	116	40	4640	批涂加3元/m²，彩涂加5元/m²，喷涂加3元/m²

续表

编号	施工项目名称	主材及辅材	单位	工程量	单价/元	合计/元	备注说明
6	套装门	实木复合门、门套、门五金	樘	1	2250	2250	由客户选定品牌及样式
7	装修费用					24822	—

6.4.3 地下一层影音室装修价格

别墅户型中影音室的面积一般为 30~50m^2，需要具备隔音功能。具体装修价格预算表如下所示。

编号	施工项目名称	主材及辅材	单位	工程量	单价/元	合计/元	备注说明
1	顶面吊顶（平面、凹凸、拱形）	家装专用 50 轻钢龙骨、品牌石膏板、局部木龙骨	m^2	30	140	4200	共享空间吊顶超出 3 m，高空作业费加 45 元 /m^2
2	地面水泥砂浆垫高找平	P.O.32.5 等级水泥、黄沙、人工、5cm 以内	m^2	32	27	864	每增高 1cm，加材料费及人工费 4 元 /m^2

续表

编号	施工项目名称	主材及辅材	单位	工程量	单价/元	合计/元	备注说明
3	木地板及铺装	实木复合地板、面层铺设、卡件、螺丝钉	m²	32	268	8576	主材单价按客户选定的品牌型号定价，辅材及铺装费为68元
4	配套踢脚线	木地板配套踢脚线（配套安装）	m	24	29	696	根据具体木材品种定价
5	顶面乳胶漆	环保乳胶漆、现配环保腻子三批三度，专用底涂	m²	32	40	1280	批涂加3元/m²，彩涂加5元/m²，喷涂加3元/m²
6	墙面软包	基层板、皮革、海绵、木压条、人工	m²	63	360	22680	软包内材料也可选用海绵橡胶板、聚氟乙烯泡沫板等
7	套装门	实木复合门，门套，门五金	樘	1	2250	2250	由客户选定品牌及样式
8	装修费用					40546	—

6.4.4　地下一层酒窖装修价格

别墅中酒窖的面积一般为 8~12m^2，里面用于藏酒，有大面积的酒柜。具体装修价格预算表如下所示。

编号	施工项目名称	主材及辅材	单位	工程量	单价/元	合计/元	备注说明
1	地面水泥砂浆垫高找平	P.O.32.5 等级水泥、黄沙、人工、5cm 以内	m^2	8	27	216	每增高 1cm，加材料费及人工费 4 元 /m^2
2	木地板及铺装	实木复合地板、面层铺设、含卡件、螺丝钉	m^2	8	268	2144	主材单价按客户选定的品牌型号定价，辅材及铺装费为 68 元
3	配套踢脚线	木地板配套踢脚线（配套安装）	m	12	29	348	根据具体木材品种定价
4	墙顶面乳胶漆	环保乳胶漆、现配环保腻子三批三度、专用底涂	m^2	41	40	1640	批涂加 3 元 /m^2，彩涂加 5 元 /m^2，喷涂加 3 元 /m^2
5	酒柜	定制柜体、实木颗粒板、五金配件	m^2	29	850	24650	由客户选定品牌及样式
6	套装门	实木复合门、门套、门五金	樘	1	2250	2250	由客户选定品牌及样式
7	装修费用					31248	—

6.4.5　地下一层保姆房装修价格

别墅中保姆房的面积一般为 8~14m²，里面的装修预算项目与卧室基本一致，但减少了吊顶等装饰项目。具体装修价格预算表如下所示。

编号	施工项目名称	主材及辅材	单位	工程量	单价/元	合计/元	备注说明
1	地面水泥砂浆垫高找平	P.O.32.5 等级水泥、黄沙、人工、5cm 以内	m²	9	27	243	每增高1cm，加材料费及人工费4元/m²
2	木地板及铺装	实木复合地板、面层铺设、卡件、螺丝钉	m²	9	268	2412	主材单价按客户选定的品牌型号定价，辅材及铺装费为68元
3	配套踢脚线	木地板配套踢脚线（配套安装）	m	12	29	348	根据具体木材品种定价
4	墙顶面乳胶漆	环保乳胶漆、现配环保腻子三批三度，专用底涂	m²	42	40	1680	批涂加3元/m²，彩涂加5元/m²，喷涂加3元/m²
5	单人床	成品家具，尺寸1500×2000，床头柜	张	1	1250	1250	由客户选定品牌及样式
6	套装门	实木复合门、门套、门五金	樘	1	2250	2250	由客户选定品牌及样式
7	装修费用					8183	—

6.4.6 地上一层客餐厅装修价格

别墅中的客餐厅面积一般为 80~120m², 其中客厅面积约占 2/3, 餐厅面积约占 1/3。具体装修价格预算表如下所示:

编号	施工项目名称	主材及辅材	单位	工程量	单价/元	合计/元	备注说明
1	顶面吊顶（平面、凹凸、拱形）	家装专用 50 轻钢龙骨、品牌石膏板、局部木龙骨	m²	76	140	10640	共享空间吊顶超出 3m, 高空作业费加 45 元 /m²
2	窗帘盒安制	细木工板基层、石膏板、工具、人工	m	16	50	800	—
3	地面水泥砂浆垫高找平	P.O.32.5 等级水泥、黄沙、人工、5cm 以内	m²	80	27	1620	每增高 1cm, 加材料费及人工费 4 元 /m²
4	地面抛光地砖及铺设	800mm × 800mm 抛光地砖（按品牌、型号定价）, P.O.32.5 等级水泥、黄沙、人工	m²	80	198	15840	主材单价按客户选定的品牌型号定价
5	抛光地砖踢脚线及铺设	抛光砖、P.O.32.5 等级水泥、黄沙、人工	m	42	45	1890	主材单价按客户选定的品牌型号定价

续表

编号	施工项目名称	主材及辅材	单位	工程量	单价/元	合计/元	备注说明
6	墙顶面乳胶漆（含挑空层）	环保乳胶漆、现配环保腻子三批三度，专用底涂	m²	192	40	7680	批涂加3元/m²，彩涂加5元/m²，喷涂加3元/m²
7	电视墙面造型	细木工板基层、石膏板、工具、人工	项	1	9580	9580	造型墙样式由客户选定
8	餐厅墙造型	细木工板基层、石膏板、工具、人工	项	1	4860	4860	造型墙样式由客户选定
9	酒柜	定制柜体、实木颗粒板、五金配件	m²	6.8	850	5780	由客户选定品牌及样式
10	组合沙发	成品家具、实木组合沙发、茶几、角几	套	1	23400	23400	由客户选定品牌及样式
11	餐桌椅	成品家具、实木餐桌、餐椅	套	1	8900	8900	由客户选定品牌及样式
12	电视柜	成品家具、电视柜	个	1	2800	2800	由客户选定品牌及样式
13	装修费用					93790	—

6.4.7　地上一层厨房装修价格

别墅户型中厨房的面积一般为 30~40m²，既有中式厨房的功能，也有西式厨房的功能。具体装修价格预算表如下所示。

编号	施工项目名称	主材及辅材	单位	工程量	单价/元	合计/元	备注说明
1	顶面集成板及安装	300mm×300mm覆膜扣板（配灯具，暖风另计），轻钢龙骨、人工、辅料（配套安装）	m²	26	103	2678	主材单价根据客户选定的型号定价
2	顶角卡口线条及安装	收边线（白色/银色）	m	22	28	616	主材单价根据客户选定的型号定价
3	地面水泥砂浆垫高找平	P.O.32.5 等级水泥、黄沙、人工、5cm 以内	m²	26	27	702	每增高 1cm，加材料费及人工费 4 元 /m²
4	地面砖及铺贴	300mm×300mm地面砖（按选定的品牌、型号定价），P.O.32.5 等级水泥、黄沙、人工	m²	26	178	4628	斜贴、套色人工费另加 20 元 /m²，小砖另计
5	墙面砖及铺贴	300mm×450mm墙面砖（按选定的品牌、型号定价），P.O.32.5 等级水泥、黄沙、人工	m²	58	136	7888	斜贴、套色人工费另加 20 元 /m²，小砖另计

续表

编号	施工项目名称	主材及辅材	单位	工程量	单价/元	合计/元	备注说明
6	橱柜	定制整体橱柜，含吊柜、地柜、石材台面	延米	10.5	1680	17640	由客户选定品牌及样式
7	厨房不锈钢水槽及水龙头安装	普通型、防霉硅胶、人工（不含主材）	套	1	80	80	—
8	推拉门	玻璃推拉门、不锈钢边框	m²	9.6	470	4512	由客户选定品牌及样式
9	装修费用					38744	—

6.4.8　地上一、二层卧室及书房装修价格

别墅户型中单个卧室的面积一般为 20~34m²。卧室数量通常为五间，书房数量为一间。此处列举一个卧室的装修费用供读者参考。具体装修价格预算表如下所示。

编号	施工项目名称	主材及辅材	单位	工程量	单价/元	合计/元	备注说明
1	顶面吊顶（平面、凹凸、拱形）	家装专用50轻钢龙骨、品牌石膏板、局部木龙骨	m²	24	140	3360	共享空间吊顶超出3m，高空作业费加45元/m²

续表

编号	施工项目名称	主材及辅材	单位	工程量	单价/元	合计/元	备注说明
2	窗帘盒安制	细木工板基层、石膏板、工具、人工	m	6.3	50	315	—
3	地面水泥砂浆垫高找平	P.O.32.5 等级水泥、黄沙、人工、5cm 以内	m²	26	27	702	每增高 1cm，加材料费及人工费 4 元/m²
4	木地板及铺装	实木复合地板、面层铺设、卡件、螺丝钉	m²	26	268	6968	主材单价按客户选定的品牌型号定价，辅材及铺装费为 68 元/m²
5	配套踢脚线	木地板配套踢脚线（配套安装）	m	23	29	667	根据具体木材品种定价
6	墙顶面乳胶漆	环保乳胶漆、现配环保腻子三批三度、专用底涂	m²	88	40	3520	批涂加 3 元/m²，彩涂加 5 元/m²，喷涂加 3 元/m²
7	床头墙面造型	细木工板基层、石膏板、工具、人工	项	1	3470	3470	造型墙不含石材、金属、玻璃等材料
8	衣帽柜	定制柜体、实木颗粒板、推拉门、五金配件	m²	13	750	9750	由客户选定品牌及样式

续表

编号	施工项目名称	主材及辅材	单位	工程量	单价/元	合计/元	备注说明
9	双人床	成品家具，尺寸1800mm×2000mm，床头柜	张	1	4500	4500	由客户选定品牌及样式
10	套装门	实木复合门、门套、门五金	樘	1	2250	2250	由客户选定品牌及样式
11	装修费用					35502	—

6.4.9 地上一、二层阳台装修价格

别墅户型中单个阳台的面积一般为 7~11m², 分布方式为地上一层紧邻客厅位置为一处，地上二层紧邻主卧位置为一处。此处列举一个阳台的装修费用供读者参考。具体装修价格预算表如下所示。

编号	施工项目名称	主材及辅材	单位	工程量	单价/元	合计/元	备注说明
1	顶面集成板及安装	300mm×300mm覆膜扣板（配灯具，暖风另计）、轻钢龙骨、人工、辅料（配套安装）	m²	8	103	824	主材单价根据客户选定的型号定价

续表

编号	施工项目名称	主材及辅材	单位	工程量	单价/元	合计/元	备注说明
2	顶角卡口线条及安装	收边线（白色/银色）	m	13	28	362	主材单价根据客户选定的型号定价
3	地面水泥砂浆垫高找平	P.O.32.5等级水泥、黄沙、人工、5cm以内	m²	8	27	216	每增高1cm，加材料费及人工费4元/m²
4	地面砖及铺贴	300mm×300mm地面砖（按选定的品牌、型号定价），P.O.32.5等级水泥、黄沙、人工	m²	8	138	1104	斜贴、套色人工费另加20元/m²，小砖另计
5	地砖踢脚线及铺设	抛光砖、P.O.32.5等级水泥、黄沙、人工	m	13	45	585	主材单价按客户选定的品牌型号定价
6	墙面乳胶漆	环保乳胶漆、现配环保腻子三批三度，专用底涂	m²	43	40	1720	批涂加3元/m²，彩涂加5元/m²，喷涂加3元/m²
7	地面防水	防水浆料、防水高度沿墙面上翻30cm（含淋浴房后面）	m²	12.5	60	750	涂刷浴缸、淋浴房墙面不得低于1.8m高
8	推拉门	玻璃推拉门、不锈钢边框	m²	4.8	470	2256	由客户选定品牌及样式
9	装修费用					7817	—

6.4.10　三层卫生间装修价格

别墅户型中单个卫生间的面积一般为 8~14m^2，分布方式通常为地下一层一间，地上一层一间，地上二层两间。此处列举一个卫生间的装修费用供读者参考。具体装修价格预算表如下所示。

编号	施工项目名称	主材及辅材	单位	工程量	单价/元	合计/元	备注说明
1	顶面集成板及安装	300mm×300mm覆膜扣板（配灯具，暖风另计）、轻钢龙骨、人工、辅料（配套安装）	m^2	10	103	1030	主材单价根据客户选定的型号定价
2	顶角卡口线条及安装	收边线（白色/银色）	m	20	28	560	主材单价根据客户选定的型号定价
3	地面水泥砂浆垫高找平	P.O.32.5 等级水泥、黄沙、人工、5cm 以内	m^2	10	27	270	每增高 1cm，加材料费及人工费 4 元/m^2
4	地面砖及铺贴	300mm×300mm地面砖（按选定的品牌、型号定价），P.O.32.5 等级水泥、黄沙、人工	m^2	10	178	1780	斜贴、套色人工费另加 20 元/m^2，小砖另计
5	墙面砖及铺贴	300mm×450mm墙面砖（按选定的品牌、型号定价），P.O.32.5 等级水泥、黄沙、人工	m^2	53	136	7208	斜贴、套色人工费另加 20 元/m^2，小砖另计

续表

编号	施工项目名称	主材及辅材	单位	工程量	单价/元	合计/元	备注说明
6	地面防水	防水浆料、防水高度沿墙面上翻30cm（含淋浴房后面）	m²	18	60	1080	涂刷浴缸、淋浴房墙面不得低于1.8m高
7	洗面盆及浴室柜	成品家具、洗面盆、浴室柜	套	1	960	960	由客户选定品牌及样式
8	坐便器	成品家具、虹吸式坐便器	个	1	1240	1240	由客户选定品牌及样式
9	淋浴房	成品家具、淋浴屏	项	1	890	890	由客户选定品牌及样式
10	套装门	实木复合门、门套、门五金	樘	1	1850	1850	由客户选定品牌及样式
11	装修费用					16868	—

6.4.11 三层过道及楼梯间装修价格

别墅户型中的过道和楼梯间是连通三层楼的公共空间，单层过道和楼梯间的面积一般为 18~27m²。此处列举单层过道及楼梯间的装修费用供读者参考。具体装修价格预算表如下所示。

编号	施工项目名称	主材及辅材	单位	工程量	单价/元	合计/元	备注说明
1	顶面吊顶（平面、凹凸、拱形）	家装专用50轻钢龙骨、品牌石膏板、局部木龙骨	m²	16	140	2240	共享空间吊顶超出3m，高空作业费加45元/m²
2	地面水泥砂浆垫高找平	P.O.32.5等级水泥、黄沙、人工、5cm以内	m²	18	27	486	每增高1cm，加材料费及人工费4元/m²
3	抛光地砖及铺设	800mm×800mm抛光地砖（按品牌、型号定价），P.O.32.5等级水泥、黄沙、人工	m²	18	198	3564	主材单价按客户选定的品牌型号定价
4	抛光地砖踢脚线及铺设	抛光砖、P.O.32.5等级水泥、黄沙、人工	m	23	45	1035	主材单价按客户选定的品牌型号定价
5	墙顶面乳胶漆（含挑空层）	环保乳胶漆、现配环保腻子三批三度，专用底涂	m²	80	40	3200	批涂加3元/m²，彩涂加5元/m²，喷涂加3元/m²
6	楼梯（一层楼）	定制木制楼梯、实木踏步	步	14	460	6440	由客户选定品牌及样式
7	装修费用					16965	—

6.4.12 别墅户型装修总价格

别墅户型的装修总价格由前面各空间的装修费用和水电隐蔽工程费用组成。具体装修总价格预算表如下所示。

编号	施工项目名称	主材及辅材	单位	工程量	单价/元	合计/元	备注说明
1	地下一层车库	–	项	1	10620	10620	–
2	地下一层娱乐室	–	项	1	24822	24822	–
3	地下一层影音室	–	项	1	40546	40546	–
4	地下一层酒窖	–	项	1	31248	31248	–
5	地下一层保姆房	–	项	1	8183	8183	–
6	地上一层客餐厅	–	项	1	93790	93790	–
7	地上一层厨房	–	项	1	38744	38744	–
8	地上一、二层卧室及书房	–	项	6	35502	213012	–
9	地上一、二层阳台	–	项	2	7817	15634	–
10	三层卫生间	–	项	4	16868	67472	–
11	三层过道及楼梯间	–	项	3	16965	50895	–
12	水电隐蔽工程	水管、电线、配件、工具、人工	m²	420	95	39900	水电初步估价局部改造约95元/m²，全部重做估价约115元/m²
13	装修费用					634866	–